KB116474

식물학자 윤경은 교수와

우리집 용기정원 만들기

식물학자 윤경은 교수와

우리집 용기정원 만들기

윤경은 지음

김영사

식물학자 윤경은 교수와

우리집 용기정원 만들기

윤경은 지음

1판 1쇄 인쇄 2008. 2. 20. | 1판 5쇄 발행 2012. 8. 11. | 발행처 김영사 | 발행인 박은주 | 등록번호 제406-2003-036호 | 등록일자 1979. 5. 17. | 경기도 파주시 교하읍 문발리 출판단지 515-1 우편번호 413-834 | 마케팅부 031)955-3100, 편집부 031)955-3250, 팩시밀리 031)955-3111 | 값은 표지에 있습니다. | ISBN 978-89-349-2863-8 03480 | 좋은 독자가 좋은 책을 만듭니다. | 김영사는 독자 여러분의 의견에 항상 귀 기울이고 있습니다. | 독자의견 전화 031)955-3200 | 홈페이지 www.gimmyoung.com, 이메일 bestbook@ gimmyoung.com

어느 날 어머니는 빈 마요네즈병에 물을 채우고,
병 입구에 이쑤시개를 얼기설기 놓았다. 그리고 그 위에
가느다란 고구마를 한 토막 올려놓고 잘 관찰하라고 하셨다.
여름이 되자 그 작은 고구마 토막에서 움튼 줄기와 잎은
주방의 창문에 커튼을 드리웠다.
그것이 바로 내 인생의 첫 정원이었다.

에밀리 반스Emilie Barnes의 이야기에서

지은이 서문

세계적으로 먹고사는 급박한 현실이 조금씩 극복되면서 삶의 질에 대해 전세계가 적극적으로 생각하게 되었다. '질 높은 삶'은 인간이 역사 이래 늘 추구해 온 목표지만, 요즈음과 같이 이에 대한 갈망이 높은 때는 없었다. 특히 환경오염 문제와 웰빙well-being에 대한 관심과 참여가 높아지면서, 자연의 숨결을 생활 가까이에서 느낄 수 있는 생활원예에 대해서도 관심이 집중되고 있다.

현대인들은 누구나 생활공간 가까이에 손바닥만한 자투리땅이라도 있어서 내가 직접 건강한 먹을거리를 마련하고 사시사철 꽃도 피우면서 삶의 질을 높이고 싶어하지만, 대부분의 도시인에게 이러한 바람이 실현되기는 아무래도 불가능해 보인다. 그러나 조금만 여유를 갖고 주위를 돌아보면 아무리 좁은 공간에서도 여유로운 원예활동이 가능하다는 것을 알 수 있다. 가정이나 사무실 어디나 화분 서너 개쯤은 이미 있지 않은가. 바로 이 '용기정원container garden'이 우리가 꿈꾸는 여유로운 원예생활을 실현시켜 줄 지름길이다.

1996년 나는 뜰이 있는 일반 주택에서 덕소의 아파트로 이사를 하게 되었는데, 그렇게 주거환경이 완전히 바뀌면서 자연스럽게 용기 재배에 대한 관심이 높아졌다. 마당에서 자유롭게 키우던 식물들을 하나둘 용기에 심어 실내 공간에 들이면서 재미가 쏠쏠해졌고 애정을 갖고 좀더 깊이 공부를 하게 되었다.

원예조경학과 교수라는 직업 때문에 많은 분으로부터 용기 재배에 대한 질문을 받게 된다. 나는 이론가일 뿐 실제로는 미숙하기 그지없어서, 그저 내가 믿고 있는 한 마디 조언을 드릴 수밖에 없었다. "애정만 있으면 식물은 잘 자란답니다."

그 두루뭉술한 대답이 조금 민망해서, 그리고 식물을 가까이에서 키우고 싶어하는 분들을 위해 작은 지침서를 마련해야겠다는 생각으로 오래전부터 준비를 해왔다. 원예학 책을 쓰는 작업은 다른 분야와 달라서 어느 일정 기간에 갑자기 시작하고 끝낼 수 있는 일이 아니다. 식물마다 꽃이 피는 시기가 정해져 있기 때문에 그해 사진에 담지 못한 작품은 1년을 기다려 다음해에 다시 만들어야 하기 때문이다. 2004년부터 제자 김희성 박사가 작품을 만들고, 유진희가 사진을 찍으면서 3년이 넘는 기간을 같이 땀흘리며 작업을 해왔다. 그렇게 준비한 책을 김영사에서 『우리집 정원 만들기』에 이어 출판해 주었다.

우리에게 주어진 실내 환경은, 공간은 좁고 햇빛은 제한적이고 건조하다. 또 물과 영양을 공급하는 토양이 화분이라는 작은 공간으로 제한되기 때문에 식물을 재배하기가 결코 만만치 않다. 그러나 일단 관심을 갖고 시작해 보자. 하나둘 정보를 찾아보고 지식을 쌓게 되면 자신감이 생기면서 재미를 느끼게 되고, 곧 죽은 식물도 살려낸다는 마술손Green Thumb을 가질 수 있을 것이다.

어느 분야든 마술손을 갖게 되는 비결은 기본 원칙을 터득해 자기 방식대로 응용하는 것이다. 때문에 이 책은 용기정원 작품 만들기와 각각의 정원에 알맞은 식물에 대한 정보뿐 아니라, 그리 흥미롭지는 않겠지만 기초 분야2부를 충실히 해 독자가 스스로 응용할 수 있도록 마음을 써 준비했다.

이 책이 완성되기까지 여러 사람의 애정과 도움이 있었다. 용기정원 작품 만들기와 사진 찍기를 도와준 제자들뿐 아니라, 진열된 식물과 자신의 작품을 마음대로 사진에 담을 수 있도록 도와준 이천의 화원 '1256Gallery' 사장 민은식님께 깊은 감사를 드린다. 또한 곳곳에 그림을 넣을 수 있도록 미술지도를 해주신 서울여자대학교 플로라아카데미의 권영애, 승지민 강의교수 두 분께도 감사드린다.

그리고 결코 빼놓아서는 안 될 조력자는 고려대 박원목 명예교수다. 배양토와 화분 등을 옮기고 밭을 가는 등의 잡역에서부터 아이디어를 다듬는 작업까지 마다 않고 함께 해준 사랑에 감사한다.

특히 이 책을 나의 정년퇴임 기념 저서로 펴내준 김영사 박은주 사장과 편집팀, 그외 여러분에게 감사한다.

2008. 2. 윤경은

차례 | 우리집 용기정원 만들기

지은이 서문 6

프롤로그 | 삭막한 도시생활에 자연을 불러들이는 가장 경제적인 방법 10

Part 1 다양한 용기정원으로 꾸미는 우리집만의 표정과 향기

꽃이 피고 지는 신비로움, 나만의 비밀화원

바구니에 옮겨온 작은 꽃들의 향연 22

달콤한 향기로 아침을 깨우는 장미정원 24

두고두고 아름다운 양란의 유혹 팔레놉시스 | 파피오페딜룸 | 심비듐 | 온시듐 26

집 안에서 사계절의 변화를 느끼다! 31

용기정원에 알맞은 꽃식물 시클라멘 | 칼랑코에 | 아네모네 | 장미 | 일일초 | 아프리카제비꽃 | 에피덴드룸 | 오니소갈룸 | 수국 | 데이지 | 만데빌라 | 병솔꽃나무 | 칼라 | 꽃기린 | 산호수 41

생명의 기운이 선사하는 안온함, 방 안의 작은 식물원

사람을 살리는 식물의 힘 58

스파티필룸 용기정원 만들기 62

용기정원에 알맞은 관엽식물 안수리움 | 산세비에리아 | 아디안툼 | 칼라듐 | 셰플레라 | 쿠프레수스 | 벤자민고무나무 | 구즈마니아 | 관음죽 | 접란 | 필로덴드론 셀로움 | 알로카시아 | 렉스베고니아 | 테리스 64

아름다운 먹을거리, 키친가든

파릇파릇 언제나 싱싱한 새싹채소정원 80

내 손으로 키우는 건강한 먹을거리, 채소정원 82

음식냄새를 상쾌한 향기로 바꾸는 허브정원 84

주방에서 키우기 알맞은 허브 라벤더 | 세이지 | 민트 | 로즈메리 | 타임 | 캐모마일 88

마음까지 시원해지는 물이 있는 용기정원

물이 있는 용기정원 만들기 96

물정원을 더 건강하게 관리하는 방법 98

물용기정원에 알맞은 식물 물양귀비 | 금천죽 | 파피루스 | 부레옥잠 | 수련 | 미니연 | 물칼라 | 물칸나 100

오순도순 정겨운 우리 가족의 축소판, 접시정원

개성이 넘치는 접시정원 만들기 110

접시정원을 더 오래 즐기는 방법 112

실내에 만드는 작은 온실, 테라리움 113

접시정원에 알맞은 식물 선인장 | 다육식물 | 테이블야자 | 호야 | 히포에스테스 | 드라세나 수르쿨로사 116

좁은 공간 활용의 미학, 창가걸이와 공중걸이

우리집의 환한 표정, 창가걸이 용기정원 124
눈길 닿는 곳마다 정원, 공중걸이 126
창가걸이와 공중걸이에 알맞은 식물 팬지 | 페라고늄 | 구근베고니아 | 피튜니아 | 아프리카봉선화 | 클레마티스 | 부겐빌레아 | 시계초 | 제브리나 | 클레로덴드럼 130

특별한 목적의 용기정원

어린이들의 호기심을 자극하는 벌레잡이식물 키우기 142
사무실을 자연친화적인 공간으로 144
사무실 용기정원에 알맞은 식물 아라우카리아 | 소철고사리 | 용설란 | 유카 146

Part 2 내 손으로 직접 만드는 우리집 용기정원

무엇을 키울까?

우리집의 환경과 식물의 생태적 특성을 생각한다 154
식물에 대해 반드시 알아야 할 두세 가지 162
전체적인 디자인 요소를 고려한 식물 선정 164

어떤 용기에 심을까?

실내 디자인을 살리는 용기의 크기와 모양 176
식물을 살리는 재질의 용기 180

어떻게 심을까?

용기정원의 시작, 식물 심기 188
식물이 좋아하는 흙 만들기 196

어디에 둘까?

공간과 식물을 함께 살리는 장소 204

어떻게 관리할까?

용기정원 성공 포인트, 물주기 216
용기정원을 더 풍성하게, 영양 공급과 꽃따주기 219
용기정원 식물의 번식과 분갈이 222
용기정원의 병해충 문제와 식물의 건강진단 227

식물 찾아보기 234

Prologue

삭막한 도시생활에 자연을 불러들이는 가장 경제적인 방법

지금 당장 눈을 들어 보라. 당신의 눈이 편히 쉴 만한 '자연의 풍경'은 어디에 있는가? 컴퓨터, 책장, 사무용 기기와 가전제품, 페인트로 덧칠된 벽…… 온통 숨을 턱턱 막히게 하는 물건들 사이로 녹색의 싱그러움을 발산하는 것은 작은 화분에 심긴 이름 모를 풀 한 포기가 아닌가!

현대 도시인들은 대부분 고층건물과 아파트숲에 둘러싸여 하루를 보낸다. 그것은 물론 편리함과 경제성을 추구하는 우리 인간들이 만들어놓은 '신천지'지만, 현대 도시생활이 편리하고 신속하고 합리적으로 발전하면 할수록 사람들은 웬일인지 점점 더 자연의 숨결을 그리워한다. 우리는 누구나 집에 나무를 심고 꽃을 가꾸면서 자연과 함께 호흡하고 싶어한다.

그러나 우리를 둘러싼 여건은 한가롭게 식물을 기르면서 일상에 지친 심신을 위로받고 안정을 취할 수 있을 만큼 여유롭지 못하다. 그런데 정말 그럴까? 혹시 우리가 너무 거창한 꿈을 꾸고 있는 건 아닐까? 드라마나 영화에서 볼 수 있는 대저택의 울창한 정원이나, 잡지에 나오는 그야말로 '잘 꾸며진' 실내정원만 떠올리는 건 아닐까?

도시 사람들은 대부분 잔디 깔린 정원은커녕 시멘트 마당도 한 뼘 없는 아파트나 연립주택에서 살아가고 있다. 그러니 어떻게 나무나 꽃을 심고 기르면서 여유를 즐길 수 있겠는가?

그러나 방법은 있다. 용기정원이 바로 그 해답이다. 화분이나 스티로폼 상자

인구밀도가 높은 우리나라에서 아파트는 참 편리한 주거형태지만,
생활이 편리해진 만큼 자연에서는 멀어지고 말았다. 발코니에 웬만큼
큰 나무를 심은 용기를 들이면 맞은편의 서글픈 자화상을 보기 전에
자연의 풍경과 향내를 맡을 수 있다. 바닥을 흰 모래로 깔고
대나무를 몇 그루만 심어 동양적인 여백의 미를 강조한
발코니정원이다.

등 식물을 기를 수 있는 용기容器, container를 이용하면, 넓은 면적이 아니라도, 땅 한 뼘 없는 아파트에서도 집 안 곳곳에 식물을 기를 수 있다.

식물은 사람의 신체건강에 좋을 뿐 아니라 영혼에도 좋다. 집 안에서 식물을 키우면 실내 공기가 정화되고 산소량이 늘어날 뿐만 아니라 습도도 조절된다. 또 식물 고유의 풀내음과 꽃향기는 하루종일 시멘트숲에서 쌓인 피로를 덜어준다. 뿐만 아니다. 생명체를 가까이 두고, 싹이 트고 꽃이 피고 하루하루 자라는 모습을 지켜보면서 생동하는 자연의 숨결을 바로 곁에서 느낄 수 있다.

게다가 용기정원을 잘 활용하면 조각이나 그림과 같은 장식효과까지 얻을 수 있다. 건축적인 면에서도 공간을 자유롭게 분할하고 동선을 변경하며, 차폐遮蔽 효과를 이용해 보기 싫은 면은 감추고 시야를 차단해 사생활을 보호하는 효과까지 기대할 수 있다.

그런데 가까이에서 자연을 접하기 힘든 현대 도시인들은 대개 '정원을 가꾼다는 것'은 많은 지식과 기술을 요하는 어려운 작업이라고 생각한다. 게다가 실내장식 효과까지 고려해야 하는 '용기정원'이라니! 생각만으로도 머리가 아프다며 지레 포기해 버린다.

그러나 사람도 자연의 일부다. 원래 사람들 곁에 있던 식물을 다시 우리 생활공간에 끌어들이는 것은 그렇게 거창한 일이 아니다. 해보고자 하는 마음과 책이나 인터넷을 통해 얻은 약간의 지식만 있으면 누구나 쉽게 시작할 수 있다. 거기에 자기만의 독특한 감각과 예술적 잠재력을 가미하면 또 하나의 즐거움과 보람을 느낄 수 있을 것이다.

우리나라와 같이 겨울이 길고 추운 환경에서는 더군다나 용기를 이용한 정원 가꾸기가 바람직하다. 가을에 낙엽이 떨어진 후 다음해 봄에 다시 새순이 돋고 꽃이 피기까지 여섯 달 가까운 시간을 우리는 잎이 다 떨어지고 앙상한 가지만 남은 삭막한 나무들밖에 보지 못한다. 그러니 실내의 작은 화분에서라도 녹색식물의 생명력을 느끼고 살포시 얼굴 내미는 꽃봉오리의 아름다움을 지켜보며 새로운 활력을 얻어야 한다.

원하는 식물과 용기를 고르고, 흙을 만지고 물을 주면서 우리의 몸과 마음은 절로 건강해진다. 문명의 발달과 함께 전에는 듣도보도 못한 '컴퓨터중독증' 같은 마음의 병이 번져가고 있는 이때에, 집 안에서 가족과 함께 식물을 키워가면서 우리의 정신도 건강하게 가꿔보자. 요즈음에는 원예의 치료효과가 인정되어 정신과에서도 '원예치료'라는 새로운 접근법이 시도되고 있다.

다양한 용기를 활용해 식물을 키우는 용기정원은 언제 시작되었을까? 도시생활이 광범위해지면서 정원으로 활용할 공간이 줄어든 현대에 시작된 '현대식 정원'이라고 생각하기 쉽지만, 실은 오래전부터 사랑받아 온 원예형식이다.

예를 들어, 로마의 중정中庭은 용기 형태를 활용한 정원이었고, 중세 수도원에서도 여러 가지 약초나 미사용 꽃을 기를 때 커다란 용기나 돌 등으로 구분지은 일종의 용기에 심어 세심하고 특별하게 관리했다.

8세기 무어족이 유럽을 침범했을 때 그들은 '정원은 지상의 천국'이라는 생각을 유럽에 전파했다. 특히 장미를 중히 여겼던 그들은 장미를 용기에 심어 운하의 둑에 두고 물에 비친 모습과 은은한 향기를 즐겼다고 한다.

그러나 용기정원은 그 어느 때보다도 현대를 살고 있는 우리에게 가장 유용하다. 용기를 이용하면 '도시의 좁은 공간'이라는 제약을 완화할 수 있을 뿐만 아니라 오히려 장점으로 바꿀 수 있다. 또 기술이 발달함에 따라 다양한 재질과 독특한 모양의 용기가 양산되어 현대적인 감각을 실내·외에 충분히 표출할 수 있게 되었다.

그렇다면 현대 도시생활에서 용기정원의 장점은 무엇일까?

첫째, 때와 장소에 맞게 연출할 수 있다

원하는 식물을 아름다운 용기에 심어 실내장식에 이용하면 때와 장소에 맞게 화려하고 다양한 인테리어를 연출할 수 있다. 용기정원은 규모가 크고 이동이 불가능한 전통적인 정원과 달리, 관리하는 사람의 뜻에 맞게 연출할 수 있다는 특징이 있다. 집 안이나 주변의 분위기에 맞는 용기와 식물을 선택하면 가구나 그림처럼 장식효과도 얻을 수 있다. 또 수시로 식물을 바꿔 심을 수 있고, 용기의 위치도 자유롭게 바꿀 수 있어 실내 분위기를 손쉽게 바꿀 수 있다.

선과 질감이 독특한 용기와 식물을 선택해 이국적인 분위기를 연출할 수도

용기를 활용하면 야외정원을 좀더 다채롭게 꾸밀 수 있다.
여름의 실록을 배경으로 낡은 등 아래 놓인 다양한 색의 서양채송화가
낮에는 화려함을, 밤에는 로맨틱한 분위기를 연출한다.

있고, 소박한 모습과 향기의 들꽃을 질박한 용기에 심어 예스러운 분위기를 연출할 수도 있다. 또 심플한 용기와 식물을 선택해 실내를 현대적으로 변화시킬 수도 있고, 은은한 색과 향기의 식물을 아담한 화분과 조화시켜 로맨틱한 분위기를 조성할 수도 있다.

둘째, 쉽게 관리할 수 있다

아무리 멋진 인테리어를 연출했다고 해도 관리하기가 복잡하면 바로 지저분해지기 마련이다. 특히 초단위로 움직여야 하는 바쁜 현대인들에게는 오히려 새로운 스트레스거리가 될 뿐이다. 그러나 용기정원을 관리하는 사람의 취향과 라이프스타일에 맞게 활용하면 최소한의 관리로 최고의 스타일을 연출할 수 있다. 돌과 자갈, 이끼, 대나무 등을 이용한 동양식 용기정원은 멋진 스타일에 비해 관리는 아주 쉬운 그야말로 '경제적인' 방법이다.

용기정원의 성패는 물주기에 달려 있는데, 식물의 상태를 살펴 그때그때 물을 줄 수 없는 상황이라면, 물주기를 한참 잊어버려도 좋은 다육식물이나 선인장을 선택하면 문제 될 게 전혀 없다. 또 아주 물에 잠겨서도 잘 사는 식물을 선택해 아예 '물이 있는 정원'을 꾸밀 수도 있다.

용기정원에서 '관리'란 주로 물관리다. 물관리를 잘하기 위해서는 어느 정도 숙달이 되어야 하지만, 요즈음에는 기계의 도움으로 손쉽게 관리할 수 있는 방법도 있다. '점적법點滴法'이라 하여 용기의 습도를 스스로 측정해 물을 공급하거나 며칠에 한 번 일정 시간 동안 물이 공급되는 기구도 개발되어 있다. 원예자재상이나 관련 인터넷 사이트를 활용하면 자신에게 맞는 다양한 기구를 구입해 용기정원을 손쉽게 관리할 수 있다.

셋째, 어디서나 누구라도 식물을 키울 수 있다

'용기정원'이라고 하니 대단히 거창해 보이지만, 예쁜 꽃이 심겨진 화분 하나

용기정원의 가장 큰 장점은 이동이 쉬워 다양하게 연출할 수 있다는 것이다. 특히 가벼운 플라스틱 용기를 잘 활용하면 간편하게 용기정원에 변화를 줄 수 있다. 가장 먼저 봄을 알리는 수선화가 제 역할을 다하고 지면, 이 용기에 다시 미니장미를 심어 여름의 강렬함을 즐길 수 있다.

를 집 안에 들이면 그것이 바로 자신만의 용기정원이 된다. 사실, 요즘 집 안에 화분 하나쯤 없는 가정은 아마 없을 것이다. 자신이 직접 심거나 사들인 것이든, 누군가에게 선물받은 것이든 용기정원은 그렇게 우리 곁에 이미 자리를 잡고 있다.

처음 시작하는 경우라면 일단 화원에 가자. 재배법이나 디자인 요소 등은 일단 고려하지 말고, 자신이 좋아하는 식물을 선택해 원하는 용기에 심어달라고 해서 집으로 가지고 오면 된다. 물론 간단한 물주기 방법 정도는 화원에서 조언을 구하자. 용기를 가장 잘 어울릴 것 같은 공간에 두고, 조언에 따라 물을 주면서 식물을 자주 들여다보자. 그러는 동안 자연스럽게 무엇을 어떻게 할지 배우고 익히게 될 것이다.

어느 정도 자신이 붙으면 용기를 한 개 두 개 늘려가자. 그러다 보면 식물에 대한 관심이 점점 커질 것이고, 식물 재배와 활용에 대한 정보도 하나둘 찾아보게 될 것이다. 그러면 어떤 식물을 어떤 용기에 심고, 집 안의 어디에 둘지 자기만의 기준이 좀더 선명해질 것이다.

이 책은 어떻게 하면 용기정원을 좀더 잘 꾸미고 잘 가꿀 수 있을지에 대한 실용 가이드다. 1부에는 용기정원에 주로 활용되는 다양한 식물들에 대한 정보를 담았다. 집 안에서 이미 키우고 있거나 더 기르고 싶은 식물을 찾아 식물학적인 특징과 관리법을 쉽게 익힐 수 있도록 구성했다. 또 용기정원을 활용하는 방법에 대한 힌트도 얻을 수 있을 것이다.

2부에는 용기정원을 직접 만들고 가꾸는 방법을 담았다. 어떤 식물을 어떤 용기에 심어 어디에 둘지부터, 어떤 흙에 어떻게 심어 어떻게 번식시킬지까지 비교적 자세하게 설명했다.

다양한 용기를 활용해 집 안팎에 꾸미는 용기정원은 좁은 공간에 자연을 불러들일 뿐만 아니라, 식물을 활용해 실내를 장식하고 집 안 분위기를 손쉽게 바꿀 수 있는 일석이조의 방법이다. 용기정원에서 이 두 측면은 모두 매우 중요하지만, 최근 실내장식 효과만을 지나치게 강조해 식물의 생명을 도외시하는 현상은 그저 안타까울 뿐이다. 우리의 필요에 따라 식물을 이용하고는 있지만, 식물도 하나의 생명체임을 잊지 말고 잘 가꾸고 돌우면서 상생하는 방법을 찾아야 하지 않을까.

이 책은 다양한 용기정원을 분위기에 맞게 연출하는 방법 등 식물을 활용한 '그린인테리어'에 대해 언급은 하지만, 그보다는 식물과 더불어 건강한 삶을 살아가는 방법에 대해 고민하고자 한다. 독자들이 약간의 노력과 관심, 그리고 꾸준한 애정을 기울이면 누구나 '마술손Green Thumb'을 가질 수 있음을 이 책을 통해 확인할 수 있었으면 좋겠다.

식물과 함께하는 생활을 무조건 어렵게만 생각하는 도시인들이 이 책을 읽으면서 작은 화분 하나를 자신의 공간에 들이고, 그로 인해 자연과 함께하는 삶의 여유와 활력을 누리게 된다면 저자로서 더 큰 기쁨이 없겠다.

Part 1

다양한 용기정원으로 꾸미는 우리집만의 표정과 향기

꽃이 피고 지는 신비로움, 나만의 비밀화원

모든 아름다운 것은 꽃에 비유된다. 꽃만큼 언제 어디서나 환영받는 존재가 또 있을까. 특히 꽃이 피고 지는 모습을 보기 어려운 실내에 꽃을 가득 담은 용기를 들이는 것은 그 자체로 큰 기쁨이다. 계절에 따라 아름다운 꽃을 용기에 심어 집 안에 들이면 집 안 분위기가 확 달라진다. 얼마 못 가 시들어버리는 꽃꽂이와 달리, 용기에 심은 꽃식물은 훨씬 오래 꽃을 피울 뿐 아니라, 선택만 잘하면 꽃대가 계속 올라오면서 봉오리가 맺히고 꽃이 피는 과정을 생생하게 지켜볼 수 있다.

꽃 용기정원을 보다 잘 가꾸려면 용기를 빛이 잘 드는 공간에 두어야 한다. 직사광선을 피해야 하는 베고니아나 아프리카봉선화 등의 반음지식물도 간접광선이 잘 드는 곳이라야 화려한 꽃을 계속 피운다.

- 선택요령 : 화기, 즉 꽃이 피어 있는 시기가 긴 식물을 선택한다. 시든 꽃을 따주면 꽃이 계속 올라와 오랜 기간 꽃을 볼 수 있는 식물이 좋다.
- 빛 : 밝은 빛이 드는 공간에 두어야 하지만, 장시간 직사광선이 드는 곳은 피한다.
- 온도 : 낮에는 따뜻하게, 밤에는 서늘하게 유지한다.
- 습도 : 건조해서 공중 습도가 너무 낮으면 치명적이다.
- 물주기 : 화분 겉흙이 마르면 물을 준다.

바구니에 옮겨온 작은 꽃들의 향연

먹음직스런 과일이나 예쁜 꽃이 담긴 바구니를 선물받으면 기분이 정말 좋지만, 과일을 다 먹고 꽃이 시들어버리면 바구니는 그야말로 '처치곤란한 애물단지'가 되고 만다. 딱히 쓸 데도 없지만 그렇다고 버리자니 아깝다. 그런 바구니를 이용해 작은 꽃정원을 꾸며보자.

바구니에는 특히 일일초, 팬지, 프리뮬러, 아프리카제비꽃, 아프리카봉선화, 사피니아* 같이 다보록하게 자라면서 꽃이 많이 피는 식물을 심으면 보기도 좋고 오랫동안 감상할 수 있다.

How To 아프리카제비꽃 바구니 만들기

동부 아프리카 산악의 지방장관이었던 독일인 자인트 파울Saint Paul이 처음 발견하여 학명이 세인트폴리아*Saintpaulia*가 된 아프리카제비꽃은 여러해살이식물로, 다육질의 잎이 로제트 형태**로 나오며 꽃색이 다양해 인기가 높은 실내식물이다. 특히 무더운 여름 한철을 무사히 넘기면 큰 어려움 없이 1년 내내 꽃을 감상할 수 있다.

식물이 작아 보통 지름이 10센티미터 이하인 화분에 심어 기르기 때문에 자리를 조금 차지할 뿐 아니라 값이 싸서 색깔별로 하나둘 모으다 보면, 화분이 주체하기 힘들 정도로 많아지는 경우가 있다. 이럴 때 화분을 바구니에 모아놓으면 아름다운 아프리카제비꽃 바구니가 된다.

1. 바구니는 물이 사방으로 샐 수 있으므로 비닐을 흙이 담길 높이까지 깔아준다.

2. 어떤 식물을 심을지 미리 구상한 배치도에 따라 식물의 자리를 잡아 높이를 가늠한

* 사피니아 : 피튜니아의 교배종 중 사피니아계Petunia Surfinia Series를 지칭하며, 우리나라 시중에서는 '사피니아'로 통용된다. 대표 품종은 '사피니아 퍼플Surfinia Purple'로, 습한 환경에서 잘 견디는 품종이라 우리나라 기후에 적합하다.

** 로제트rosette 형태 : 잎의 근원이 원통형으로 겹쳐지면서 납작하게 자라는 형태.

다. 바구니가 깊을 경우 식물이 잘 보이도록 밑에 스티로폼이나 이끼 등을 깔아 높이를 조절한다.

3. 식물을 구입해 온 플라스틱 화분에서 뽑는다. 뿌리의 흙을 털어낸 후 이끼로 감싼다.

4. 바구니의 가운데 놓일 식물을 가장 높게 두고, 가장자리로 나오면서 차차 낮게 고정시키면서 주변에 흙을 채운다. 흙 위를 이끼로 덮어 마무리한다.

- 식물을 플라스틱 화분에서 빼지 않은 채 그대로 바구니에 넣어 용기정원을 만들 수도 있다아래 그림 참조. 이때에는 흙을 더 넣지 말고 빈 공간을 이끼로 채우면서 화분까지 이끼로 덮어 완전히 가리면 된다.
- 바구니 전체를 식물로 채우지 않고 한쪽에 돌이나 장난감 등을 두고 싶을 때는 마무리를 이끼 대신 마사토 등으로 하는 게 좋다.

아프리카제비꽃은 '아프리칸바이올렛'이라는 이름에 걸맞게 다양한 농도의 보라색 꽃을 피운다. 진초록의 잎과 대비를 이루는 앙증맞은 보라색 꽃에 반해 하나둘 사들인 화분을 이렇게 모아놓으면 손쉽게 멋들어진 꽃바구니를 만들 수 있다. 오른쪽 원 안의 식물은 글록시니아다.

달콤한 향기로 아침을 깨우는 장미정원

우리나라 사람들이 가장 좋아하는 꽃은 장미라고 한다. 장미는 한 송이만으로도 집 안 분위기를 로맨틱하게 해주지만, 가지가 잘린 꽃꽂이용 장미는 수명이 너무 짧아 봉오리가 채 피기도 전에 시드는 경우가 많다. 그렇다고 장미를 용기에 심어 실내에 두고 오랫동안 감상하기에는 여러 가지 어려움이 따른다. 장미는 햇빛과 신선한 공기를 많이 필요로 하는 식물이고, 야외와 달리 실내에서는 공중 습도가 맞지 않으면 잎이 모두 떨어져 앙상한 가지를 드러내기도 한다.

탐스러운 장미꽃에 대한 아쉬움을 달래줄 수 있는 식물이 바로 미니장미다. 연중 아무때나 색색의 미니장미를 쉽게 구할 수 있는데, 좋아하는 색 미니장미를 구입해 화분이나 바구니 등에 풍성하게 심어 실내에 두면 오랫동안 낭만적인 분위기를 즐길 수 있다. 목이 긴 화분에 한 가지 색 미니장미를 풍성하게 심

어 장미꽃다발 같은 분위기를 연출할 수도 있고, 넓고 낮은 바구니에 색색의 미니장미를 심어 작은 장미정원을 꾸밀 수도 있다.

배수가 잘되는 용기일 경우, 구입한 플라스틱 화분에서 뿌리째 뽑아 옮겨심으면 잘 자라고 꽃도 실하다. 모양은 아름답지만 물빠짐구멍이 없는 용기라면, 밑에 자갈이나 하이드로볼을 채우고 그 위에 플라스틱 화분을 그대로 넣은 후 이끼로 마무리하면 된다.

How To 장미정원 관리하기

덩굴장미

홀겹미니장미

부시로즈

- 장미는 빛을 아주 좋아하기 때문에 하루종일 볕이 들거나 적어도 네 시간은 직사광선이 비치는 곳에 두어야 아름다운 꽃을 볼 수 있다. 겨울에는 찬바람이 들어오는 창문 바로 옆은 피해야 한다.
- 물을 고루 충분히 주어야 하지만 흙이 늘 젖어 있으면 뿌리가 썩는다. 반면에 흙이 마르면 잎이 떨어진다. 공중 습도가 높은 환경을 좋아하는 편이기 때문에 실내 공기가 건조하면 잎이 더 쉽게 떨어진다. 화분 밑에 자갈 트레이를 놓거나 가습기를 틀어 실내 습도를 유지해 줘야 한다. 건조한 실내에서는 분무기로 잎에 물을 뿌려주는 것도 도움이 되지만, 물방울이 마르지 않은 채 오래 맺혀 있으면 잎에 병이 생길 수 있으므로, 분무작업은 낮에 하는 게 좋다. 무엇보다 환기에 유의해야 잎에 병이 생기는 것을 예방할 수 있다.
- 봄과 여름에는 2주에 한 번, 가을과 겨울에는 한 달에 한 번 정도 액비를 주는 게 좋다. 액비는 농도를 잘 맞춰 희석해 주어야 한다. 식물이 빨리 자라기를 바라는 마음에 액비 농도를 높이면 오히려 약해藥害를 입기 쉽다. 낮은 농도로 여러 번 주는 게 더 효과적이다.
- 사계미니장미는 영양 공급과 물주기를 잘하면 1년에 한 번 이상 꽃을 피우지만, 한 번만 피고 휴식기에 들어가는 품종도 있다. 휴식기에는 서늘한 곳에 두고 가지를 짧게 쳐주고 물의 양도 줄여야 한다. 비료는 주지 않는 게 좋다. 그렇다고 발코니 한쪽에 방치하면 얼어 죽을 수 있으므로 주의해야 한다. 마당이 있는 집에서는 늦가을에 밖에 내다 심었다가 해동이 된 후 다시 화분으로 옮기면 생육이 훨씬 좋아진다.
- 장미가 다시 자라기 시작하면 물과 비료를 주면서 키가 8~10센티미터 되도록 가지치기를 해 꽃이 다보록하게 피도록 한다.

두고두고 아름다운 양란의 유혹

양란은 꽃이 화려하고 화기花期가 길 뿐 아니라 연중 어느 때나 시중에서 쉽게 구할 수 있어 집 안을 화려하게 꾸미는 식물로 적합하다. 그중에서도 가장 흔하고 또 쉽게 키울 수 있는 난이 '나비란' 또는 '호접란'이라고 불리는 팔레놉시스*Phalaenopsis*다.

팔레놉시스는 일반적으로 고온에서 잘 자라기 때문에 실내 온도가 비교적 낮은 일반 주택에서는 꽃을 제대로 피우지 못하는 경우가 있다. 만약 이런 환경이라면 파피오페딜룸*Paphiopedilum*을 선택하는 게 좋다. 흔히 '파피오'라고 하는 이 난은 저온에서 잘 자라기 때문에 일반 주택에서도 무난하게 꽃을 피운다.

온시듐*Oncidium*과 미니 심비듐*Cymbidium*도 키울 만하다. 그러나 심비듐은 대부분 덩치가 크기 때문에 집 안이 넓고 현대적인 분위기가 아니라면 오히려 부담감을 주기 쉽다.

대부분 '양란은 키우기 어렵다'고 생각하지만, 사실 난은 키우기 쉬운 식물 가운데 하나다. 반그늘에서도 잘 자라고, 비료 요구도도 높지 않으며, 물도 자주 줄 필요가 없다. 다만, 난은 뿌리의 생태적 특성에 따라 두 종류로 나뉘는데 그 취급법이 조금 다르다.

지생란地生蘭은 땅속에 뿌리를 뻗고 살아가는 종류로, 한란을 비롯한 대부분의 동양란과 교배종으로 아름다운 꽃을 피우는 심비듐류가 여기에 속한다. 반면 뿌리가 나무나 바위의 표면에 붙어 자라는 착생란着生蘭에는 팔레놉시스, 카틀레야, 풍란 등이 있다.

지생란이 땅속에 뿌리를 뻗고 산다고 해도 난이 자라는 곳은 숲속의 부엽토가 쌓인 토양으로, 통기성과 배수성이 좋아 일반 밭흙과는 다르다. 따라서 난을 기르는 재료는 기본적으로 통기성이 좋아야 하는데, 인공적으로 만든 난석蘭石이나 바크, 수태 등이 주로 사용된다. 특히 착생란은 본래 뿌리가 공기 중에 노출되므로 통기성과 물빠짐이 좋은 재료를 써서 뿌리가 물에 젖어 있지 않도록 해야 한다.

팔레놉시스 *Phalaenopsis*

팔레놉시스는 '나방'을 뜻하는 그리스어 '팔레이나phalaina'와 '모양'을 뜻하는 '옵시스opsis'의 합성어다. 바로 이 나방 모양의 꽃 때문에 '호접란'이라고 불리기도 한다. 꽃은 흰색, 분홍색, 노란색을 기본으로 그 중간색이 많고, 최근에는 미니종도 많이 선보이고 있다. 원종이 20여 종 있지만, 우리가 시중에서 접하는 호접란은 대개 교배종이다. 화기가 길어 부케나 코사지로 많이 이용된다.

- **빛과 온도 :** 직사광선은 피하고 간접광선에서 기른다. 고온성 난이므로 최저 18도를 유지하고 통풍이 잘되는 곳에서 기르는 게 좋다.
- **물주기 :** 흙이 마르면 물을 흠뻑 주되 로제트 형태로 나오는 잎 사이에 물이 고이지 않도록 주의한다. 봄부터 가을까지는 난 전용 비료를 한 달에 한 번 정도 물에 희석해서 주고, 겨울에는 비료를 주지 않는다.
- **기타 :** 꽃눈은 고온에서는 잘 맺히지 않고, 25도 이하의 단일短日 조건에서 잘 형성된다. 불을 오래 켜두는 곳에서는 꽃이 피지 않거나 피더라도 빈약하다. 첫 번째 꽃이 시든 후 꽃줄기의 마디를 서너 개 남기고 잘라주면 두 번째로 피어 올라오는 꽃을 볼 수 있다.

파피오페딜룸 *Paphiopedilum*

그늘이나 습한 환경에서 잘 자라는 파피오페딜룸 파피오은 꽃 모양이 아주 특이하다. 꽃잎 세 장 중 하나가 주머니같이 변형되었는데, 서양에서는 이것이 슬리퍼 모양과 비슷하다 하여 '레이디스 슬리퍼 *Lady's Slipper*'라고 부른다. 우리나라에서도 노랑개불란, 털개불란, 광릉개불란, 개불란 등 네 종의 낙엽성 난이 서식하고 있다. 일반적인 파피오페딜룸의 꽃은 12~3월에 피는데, 꽃대 하나에 한 송이가 피는 일경일화종과 다섯 송이까지 피는 일경다화종이 있다. 식물체가 작지만 꽃이 특이하고 아름다워 공간이 좁은 가정을 아늑하게 꾸미기에 적합하다.

- **빛과 온도 :** 간접광선을 좋아하며 저온에서도 잘 자란다. 열대성은 20~30도, 온대성은 15~25도에서 가장 잘 자란다. 봄에는 빛을 많이 쪼여주는 게 좋지만 직사광선은 피해야 한다.
- **물주기 :** 습한 환경을 선호하는 난이므로 겉흙이 마르면 물을 흠뻑 주어 건조하지 않게 유지한다. 포기 사이에 물이 고이지 않도록 주의한다.
- **기타 :** 휴식기가 따로 없으니 물이나 비료 공급에 변화를 줄 필요가 없다. 2~3년에 한 번씩 봄에 분갈이를 하고 난 전용 비료를 준다. 깍지벌레나 응애류 등 벌레가 한 번 생기면 제거하기가 쉽지 않으니 통풍이 잘되는 곳에서 키운다.

심비듐 *Cymbidium*

편의상 한국, 중국, 일본, 대만 등의 온대기후 지역에서 자생하는 심비듐을 '동양란'이라 하고, 동남아시아나 인도, 호주를 비롯한 열대~아열대기후 지역에서 자생하는 것을 '양란 심비듐'이라고 부른다. 아치 모양으로 탐스럽게 자라는 꽃은 수명이 길어 겨울철에도 실내를 화사하게 밝힌다. 꽃색은 연두, 노랑, 분홍, 흰색 등으로 다양하고 꽃잎에 반점이나 무늬가 있는 것도 있다. 미니 심비듐이 아니라면 좀 여유 있는 공간에 두어야 난의 특성을 제대로 감상할 수 있다.

- **빛과 온도 :** 생육에 적합한 온도는 대략 15~25도이며, 햇볕이 많이 들고 통풍이 잘되는 실내에서 잘 자란다. 다만 직사광선은 피하는 게 좋다. 저온에도 강해 2~3도인 환경에서도 견디지만 꽃을 피우기 위해서는 12도 이상으로 유지해 주어야 한다.
- **물주기 :** 흙이 마르는 일이 없도록 물을 준다. 공중 습도가 60~70퍼센트일 때 가장 잘 자란다,
- **기타 :** 밤 온도가 15도 이상이면 꽃이 잘 피지 않고, 피더라도 색이 좋지 않다. 꽃이 화려하게 핀 심비듐을 구입했는데 다음해에 꽃을 보지 못했다면 야간 실내 온도가 너무 높았기 때문일 가능성이 크다.

온시듐 *Oncidium*

부풀어서 구근처럼 보이는 줄기 위에 잎이 한두 개 나고, 그 위로 올라온 꽃대에 작은 꽃이 무리지어 핀다. 꽃은 밝은 노란색이며 꽃잎 아랫부분에 빨간색이나 갈색 반점이 있다. 꽃 모양이 드레스를 입은 여자가 양팔을 벌리고 춤을 추는 것 같다고 해서 '춤추는 숙녀들Dancing Ladies'이라고 불리기도 한다. 꽃은 대개 9~11월에 피는데, 한여름에 피는 경우도 있다.

- **빛과 온도 :** 밝은 간접광선에서 잘 자라지만 직사광선은 피하는 게 좋다. 꽃이 피는 동안에는 따뜻한 곳에 두고, 나머지 기간은 서늘한 곳에서 키운다. 저온에 강해 10도까지 견딘다.
- **물주기 :** 겉흙이 마르면 물을 주고, 뿌리가 잘 뻗도록 번갈아 건조하고 습한 조건을 만들어준다. 가을부터는 약간 건조한 듯이 관리하는 게 좋다. 공중 습도를 어느 정도 유지하는 것이 좋으나 알줄기나 뿌리에 물이 고이면 곰팡이병이 생기기 쉬우니 주의한다.
- **기타 :** 꽃이 지면 휴식기에 들어가고, 휴식기 후에 다시 꽃이 핀다. 휴식기에는 간접광선이 잘 드는 서늘한(10~15도) 곳에 두고 새 꽃봉오리가 맺힐 때까지 물을 적게 준다.

집 안에서 사계절의 변화를 느끼다!

용기정원은 원래 온통 초록으로 둘러싸인 야외 여름정원을 더욱 화려하고 풍성하게 장식할 목적으로 시작되었다. 그러나 요즈음에는 용기에 심어 실내에서 키울 수 있는 식물이 다양해지면서 조금만 더 신경을 써서 계획하고 준비하면 사계절 내내 가까이에서 제철의 향기와 계절의 변화를 느낄 수 있다.

봄꽃, 집 안 가득 봄을 불러들이다

가장 먼저 봄을 불러오는 크로커스.

꽃을 좋아하는 사람에게는 겨울이 길게만 느껴진다. 국화가 진 후 여섯 달 가까이 꽃이 없는 시간을 버텨내야만 새로운 꽃이 얼굴을 내미는 진짜 봄을 맞이할 수 있으니 말이다.

수선화와 크로커스 등의 구근식물이 아직도 겨울잠을 자고 있는 잔디나 더부룩이 쌓인 낙엽을 뚫고 올라오면서 비로소 봄이 시작된다. 그 생명의 기운을 가까이에서 느끼고 싶은 사람들은 겨우내 비어 있던 발코니나 창가에 용기를 마련해 봄꽃을 맞이할 준비를 한다.

봄을 장식하는 꽃으로는 팬지, 프리뮬러, 데이지, 피튜니아 등이 있다. 대부분 용기에 듬뿍 심어서 창가에 두면 봄기운을 북돋운다. 꽃베고니아와 아프리카봉선화 등도 있지만, 이들은 고온성 식물이므로 기온이 상당히 높아지는 5월 이후에나 밖에 내놓을 수 있다.

화원에서 활짝 핀 꽃식물을 사다가 집 안을 봄 분위기로 꾸밀 수도 있지만, 직접 꽃씨를 뿌려 싹이 트고 자라는 모습을 지켜보면서 봄을 기다리는 것은 긴

수선화는 크로커스와 함께 가장 먼저 봄을 알리는 구근식물이다.
지난해 꽃을 피운 구근을 잘 보관했다가 가을에 다시 심어 서늘한 실내에 두면
어느새 삐죽이 싹을 틔워 봄소식을 전한다.

겨울의 터널을 지나는 동안 더할 나위 없이 큰 즐거움이다. 작은 온실이 있다면 더 바랄 게 없겠지만, 특별한 혜택을 받지 않은 대부분의 도시인에게는 그저 그림의 떡일 뿐이다. 그렇다고 실망할 필요는 없다. 볕이 잘 드는 발코니나 거실의 창가로도 충분하다.

파종을 할 때는 정식定植 시기를 역산해 8~6주 전에 씨를 뿌리는 게 좋다. 경기도 지방에서는 4월 20일 즈음까지 서리가 내릴 수 있으므로 2월 중순에서 하순 사이에 씨를 뿌리면 된다.

발코니 등에서 용기에 씨앗을 뿌려 모종을 기를 때는 3일에 한 번 정도 방향을 바꿔 식물 전체가 골고루 빛을 받도록 해주어야 한다. 빛을 계속 한쪽으로만 받으면 빛을 따라가느라 목이 굽기 때문이다. 또한 기온이 좀 높아지는 낮에는 창문을 열어 환기를 해주어야 식물이 튼튼하게 자란다. 식물도 사람과 마찬가지로 온실에서만 키우면 병약하고 키만 웃자라게 된다.

손톱만 하던 새싹이 어떤 식물인지 알아볼 만하게 자라고 바깥 기온이 어느 정도 올라가면 식물을 원하는 용기에 심어 창가에 매달거나 발코니 밖에 내놓아 봄기운을 만끽하자.

Tip 집 안에 가장 먼저 봄을 불러오는 봄꽃들

봄소식은 제비만 실어오는 것이 아니다. 길가나 창가에 올망졸망 귀여운 팬지꽃이 모습을 드러내기 시작하면 날씨는 아직 쌀쌀해도 봄이 성큼 다가왔음을 알 수 있다. 이른봄에 꽃을 볼 수 있는 식물은 내한성이 강한 팬지, 수선화, 아네모네, 사프란, 튤립, 프리뮬러, 데이지, 그리고 가을에 심어놓은 추식秋植 구근류들이다.

팬지　　아네모네　　프리뮬러

봄꽃들이 시들고 날이 더워지면서 여름이 시작된다. 기온이 30도를 넘나드는 한여름은 사실 식물도 견디기 힘든 때인데, 이때에야말로 용기정원의 진가가 드러난다.

실외에 작은 화단이 있는 일반 주택의 경우, 꽃이 시들어버린 곳에 새로운 식물을 심고 싶어도 땅속에는 숙근초宿根草가 있는 경우가 많아서 함부로 흙을 뒤적일 수가 없다. 이러한 때 그 빈 곳에 꽃을 듬뿍 심은 용기를 놓으면 화단 분위기를 생기 있게 바꿀 수 있다.

땅이 한 뼘도 없는 아파트의 경우에도 창가에 한련화, 제라늄, 피튜니아 등 화려한 꽃이 가득 핀 용기를 두어 가족과 이웃의 눈을 즐겁게 할 수 있다.

여름은 한 해 가운데 빛이 가장 강한 시기이기 때문에 꽃색이 가장 강렬하고 향기가 높은 계절이다. 그러나 그 강한 빛 때문에 잎이 타고 화분의 흙이 건조해지기 쉬우므로 각별히 주의해야 한다.

햇빛이 강한 여름, 정원은 온통 초록 일색이기 쉽다. 이때 색색의 관상고추가 풍성하게 열린 용기를 내놓으면 정원의 포인트 역할을 한다.

Tip 여름의 고온과 강한 햇빛에도 잘 견디는 꽃식물

기온이 높고 빛이 강한 여름에는 주로 건조한 환경에 강한 다육식물이 진가를 발휘한다. 칼랑코에, 만데빌라, 꽃기린, 관상고추, 무궁화, 선인장, 파인애플과 식물, 알로에, 크라슐라, 피튜니아, 제라늄, 꽃담배, 로베리아, 한련화, 백일홍, 헬리오트로프 등이 여름에도 강한 생명력을 자랑한다.

칼랑코에 만데빌라 꽃기린 피튜니아 한련화

가을 들판의 화려함과 넉넉함을 집 안에

8월이 지나고 9월로 접어들면서 무더위가 한풀 꺾이고, 저 멀리 들녘에서부터 가을빛이 물들어오기 시작한다. 대부분의 식물이 한여름의 더위와 장마로 빛을 잃었지만, 서늘해지기 시작한 기온은 늘어졌던 한련화와 매리골드천수국를 다시 일으켜 세우고, 코스모스와 샐비어가 드높은 가을 하늘 아래 더욱 선명해진다. 여기저기 진한 향기의 국화가 얼굴을 내민다. 소국이 소담지게 핀 화분은 집 안팎을 그윽한 국향으로 채운다.

10월이 되면서 날씨가 쌀쌀해지면 들판은 온통 매리골드의 황금색과 단풍의 붉은색으로 불탄다. 화려하고 정열적이지만, 그 불의 절정은 곧 생명의 소진으로 이어질 것임을 암시하는 계절이다. 이때 실내에서는 제철을 맞은 포인세티아와 구근베고니아가 가을의 쓸쓸한 정취를 달래준다. 날씨가 좀더 추워지면 콜레우스나 꽃양배추의 화려한 잎이 꽃을 대신한다.

국화는 그 이름만으로도 가을을 연상시킨다. 소국이 다보록이 심긴 용기를 하나 집 안에 들이면 굳이 단풍놀이를 떠나지 않아도 가을 향기에 흠뻑 취할 수 있다.

Tip 가을에서 겨울 사이에 심는 꽃 혹은 꽃을 대신할 수 있는 식물

찬바람이 불고 낙엽이 뒹구는 가을을 흔히 쓸쓸하다고 하지만 가을에도 화려한 빛을 자랑하며 활짝 핀 꽃들을 만날 수 있다. 거베라, 매리골드, 공작초, 샐비어, 아프리카제비꽃, 칼랑코에, 구근베고니아가 찬바람 속에서도 환하고 진한 색의 꽃을 피운다. 또 날이 좀더 쌀쌀해지면 포인세티아, 꽃양배추, 콜레우스 등 무늬가 화려한 식물들이 실내를 장식한다.

가을꽃은 곧 다가올 낙엽의 시절을 안타까워라도 하는 듯 어느 계절보다 더 곱고 화려하다. 가을이 깊어진 후에도 무늬가 화려한 관엽식물을 활용하면 집 안 분위기를 좀더 활기차게 꾸밀 수 있다. 왼쪽부터 매리골드, 공작초, 포인세티아, 콜레우스.

창밖에는 흰 눈이, 실내에서는 탐스런 시클라멘이

기온이 영하로 내려가면 그 푸르던 정원도 거의 휴면 상태에 들어가는데, 모든 생명이 숨을 죽이고 있는 이때 집 안의 용기정원은 아직 생기가 넘친다.

난방이 잘되는 집이라고 해도 찬바람이 스미는 창가나 건조한 공간에서는 식물이 자라기 힘든데, 이런 환경에서도 잘 자라는 접란, 고무나무, 벤자민고무나무 등을 선택하면 한겨울에도 녹색의 생명력을 가까이에서 감상할 수 있다. 공중 습도와 온도가 높은 곳에서 잘 자라는 알로카시아도 겨울의 삭막함을 잊게 해준다. 잎이 아름다운 베고니아류도 겨울에 즐길 수 있는 품종이다.

포인세티아와 게발선인장Christmas Cactus은 성탄절 즈음을 장식하는 식물로 좋다. 구근베고니아와 시클라멘은 화려한 꽃이 오래가기 때문에 사계절 내내 사랑받는다. 특히 시클라멘은 저온에서 잘 견디기 때문에 발코니 장식에 안성맞춤이다.

아무리 찬바람이 불어닥쳐도 온 가족이 모이는 우리집의 겨울 저녁은 따뜻하다. 소리없이 흰눈이 쌓이는 창가에 화려한 시클라멘이 소복이 피어 있다면 그보다 아름다운 풍경화가 또 있을까.

Tip 겨울철 베고니아의 증상에 따른 관리법

- **잎이 누렇게 된다**
  빛이 모자란 경우 아래쪽 잎이 누렇게 되므로, 밝은 곳으로 옮겨준다. 물이 부족하거나 과할 때에도 같은 증상이 나타날 수 있으니, 화분의 물기를 확인한다.

- **꽃봉오리가 채 피지 못하고 떨어진다**
  공중 습도가 낮거나 물이 부족할 때 발생하는 증상이므로, 수분을 충분히 공급한다.

- **잎 가장자리가 갈색으로 마른다**
  분무기로 물을 뿌리는 등 공중 습도를 높여준다.

- **줄기가 가늘고 약해진다**
  빛이 부족하거나 물이 과한 경우에 생기는 증상이다. 밝은 곳으로 옮기고 물 공급 횟수와 양을 줄인다.

한겨울에 봄을 즐기는 방법, 알뿌리화병

밖은 아직 겨울 찬바람 속에 얼어붙어 있어도 집 안에서는 미리 봄을 맞이할 수 있다. 한겨울에 히아신스, 크로커스, 수선화 등 봄을 상징하는 꽃들의 구근을 기르면서 겨울 속 봄을 즐기는 것이다.

히아신스 구근을 화분에 심어 키운 것.
구근球根이라고도 하는 알뿌리는 줄기·뿌리 등이 양분을 저장하기 위해 특별히 비대해진 부분으로, 꽃이나 잎이 진 다음에도 생명이 남아 있어, 다음해에 다시 꽃을 피운다.

목이 좁은 컵이나 병에 물을 담은 후 알뿌리를 올려놓으면 흰 뿌리가 나기 시작하고, 죽은 것 같았던 알뿌리 끝에서 새싹이 돋아난다. 얼마 지나지 않아 꽃대가 올라오는가 하면 곧 꽃이 피어 겨울을 잊게 해준다.

이때 알뿌리가 컵이나 병 위에 안정적으로 올라앉을 수 있도록 병 입구에 잘 맞춰 올려놓아야 한다. 그리고 약 3주 정도는 서늘하고 어두운 곳에 두었다가 뿌리가 5센티미터 정도 자란 후에 밝은 곳으로 옮겨서 키운다. 알뿌리는 스스로 충분한 영양분을 비축하고 있기 때문에 깨끗한 물에 담가놓기만 해도 잘 자란다. 뿌리가 하얗게 나오고 잎이 돋아나면서 2주 정도 자라면 꽃대가 올라온다. 밝은 빛이 잘 드는 곳에 두어야 꽃이 예쁘게 잘 피지만 직사광선은 피해주는 게 좋다.

화분에 알뿌리를 심어 키우는 것도 저온처리 과정만 잘 거치면 비교적 쉽다. 화분에 흙을 담고 알뿌리를 놓은 후 알뿌리 크기의 두세 배 정도 흙을 덮어준다. 물을 주고 아침저녁으로 잘 지켜보면 싹이 올라오고 곧 꽃이 피는 모습을 볼 수 있다.

겨울에 원예전문점에서 파는 알뿌리는 대부분 저온처리가 된 것이어서 구입 전에 문의할 것! 계절에 관계없이 어느 때나 꽃을 피우지만, 집에서 여름 6월경에 수확한 알뿌리는 저온처리를 해주어야만 꽃을 피운다. 저온처리란 알뿌리가 자연 상태의 야외에서 겨울을 날 때 온도가 낮은 환경을 거치는 것과 같이 일정 기간 저온에서 저장하는 처리과정을 말한다. 알뿌리를 저장할 때는 비닐자루 대신 종이봉투에 넣어 냉장고의 야채보관함에 두는 게 좋다.

Tip 식물에 따른 저온처리 기간

- 무스카리 10~12주
- 수선화 12~15주
- 아이리스 10~14주
- 은방울꽃 10~12주
- 사프란 8~10주
- 튤립 12~16주
- 히아신스 12~15주

용기정원에 알맞은 꽃식물

시클라멘 *Cyclamen percicum*

초본성 구근식물로 하트 모양의 청록색 잎에 은색 무늬가 있다. 빨간색, 분홍색, 흰색, 자주색 외에도 이들이 혼합된 다양한 색의 꽃이 핀다. 저온성 식물로 겨울철에도 실내를 아름답게 장식한다. 지중해 연안에서 유럽 중부에 걸쳐 20여 종이 자생하는데, 재배종은 시리아 원산종을 개량한 것으로 비내한성이다.

- **빛과 온도 :** 빛을 많이 받아야 색이 선명해진다. 서늘한 곳을 좋아하며 8도까지 견딘다.
- **물주기 :** 잎이나 꽃에 물이 닿으면 좋지 않으므로, 흙이 마르는 듯싶을 때 화분을 물속에 담가 저면관수하는 게 좋다.
- **기타 :** 비료는 별도로 주지 않는다. 꽃이 시들면 곧 따줘 다음에 필 꽃을 충실하게 한다.

칼랑코에 *Kalanchoe blossfeldiana*

잎이 두꺼운 다육식물로 진녹색 잎에 홑겹 또는 겹꽃이 빽빽하게 무리를 지어 핀다. 꽃색은 흰색, 크림색, 노란색, 주황색, 분홍색, 빨간색, 자주색 등 다양하다. 용기를 이 식물 단독으로 채워도 아름답지만, 다른 주요 식물의 부재로 사용하는 경우도 많다.

- **빛과 온도 :** 직사광선과 간접광선에 두루 적응하지만, 여름철에 직사광선에 많이 노출되면 잎이 붉게 변하고 심하면 부분적으로 타기도 한다. 따뜻한 곳에서 서늘한 곳까지 두루 잘 적응하며, 겨울에도 2도까지 견딘다.
- **물주기 :** 건조한 조건에서 잘 견디며 물이 과하면 뿌리가 썩는다. 생육이 왕성한 봄부터 가을까지는 흙이 마르면 물을 주는 식으로 규칙적으로 물을 주고, 겨울철에는 물주기를 극히 제한한다.
- **기타 :** 대표적인 단일식물短日植物로, 낮이 여덟 시간 이하인 조건에서 4주는 지나야 꽃이 핀다. 따라서 꽃봉오리가 막 맺히기 시작한 상태가 아닌 한, 전등을 오랫동안 켜두는 실내에서는 꽃을 보기가 쉽지 않다.

아네모네 *Anemone coronaria*

화려한 꽃이 매력적이지만 내한성과 내건성이 약해 우리나라 기후에서는 재배하기가 쉽지 않다. 다만 봄 한 철 분화盆花로 사랑을 받고 있다. 재배는 종자부터 시작할 수 있으나 기간이 오래 걸리고 기술을 요하므로 보통 화원에서 꽃색을 보고 선택하는 경우가 많다.

- **빛과 온도 :** 빛을 좋아하는 식물로, 20~25도에서 잘 자란다. 꽃은 20도에서 잘 피는데, 밤 온도를 5~10도로 유지해 주면 화기花期를 연장할 수 있다.
- **물주기 :** 건조에 약하기 때문에 물주기에 신경써야 한다. 겉흙이 마르기 시작하면 바로 물을 주어야 하지만 과습은 금물이다. 배수가 잘되고 보수력保水力이 양호한 흙, 즉 유기물을 많이 포함한 흙이 좋다.
- **기타 :** 어린 식물은 직사광선에 바로 노출시켜서는 안 된다. 장일長日 조건에서 꽃이 빨리 핀다.

장미 *Rosa*

용기에 심어 기르기는 미니장미가 적합하다. 꽃꽂이용 큰 장미와 달리 소복하게 자라는 미니장미는 광택이 나는 진녹색 잎에 향기가 짙어 실내 분위기를 로맨틱하게 한다. 꽃 색도 다양해서 파란색을 제외한 거의 모든 색을 구할 수 있다. 꽃은 홑겹 또는 겹꽃으로 꽃잎과 꽃의 수도 다양하다.

- **빛과 온도 :** 직사광선에서 잘 자라지만 간접광선에서도 견딘다. 빛이 부족하면 잎이 얇아지고 녹색이 옅어지면서 빈약해진다. 아울러 꽃도 볼품없어지므로 빛을 많이 받을 수 있는 장소를 선택하는 게 중요하다. 온도 적응성이 좋아 따뜻한 곳이나 서늘한 곳에서 모두 자랄 수 있지만 조금 서늘한 곳에서 꽃이 오래간다. 내한성이 강한 것도 있어 정원에서 겨울을 날 수도 있다.
- **물주기 :** 비교적 수분을 좋아하고 건조에 약하므로 토양을 촉촉하게 유지하는 게 좋지만 과습은 금물이다. 저면관수를 하면 잎에 물이 남아 병을 유발하는 것을 예방할 수 있다. 저면관수는 화분을 물에 10분 정도 담가 밑에서 물이 흡수되도록 하는 물주기 방법이다.
- **기타 :** 꽃봉오리가 맺혀도 공중 습도가 낮거나 기타 조건이 맞지 않으면 꽃이 피지 못하는 경우가 있으므로 꽃을 구입할 때 꽃이 몇 송이 정도 피어 있는 것을 선택하는 게 좋다. 시든 꽃은 바로 따주어 종자로 양분을 빼앗기는 것을 방지하고 새로운 꽃이 필 공간을 마련해 준다.

일일초 *Catharanthus roseus*

매끄러운 녹색 잎을 가진 일년초화로 흰색과 분홍색 꽃이 봄부터 초가을까지 계속 핀다. 기르기가 쉬워 초보자도 문제없이 키울 수 있고 화기花期가 길기 때문에 용기정원용 식물로 적합하다. 꽃이 매일 핀다고 해서 '일일초' 또는 '매일초'라는 이름이 붙었고, 원산지가 마다가스카르여서 영어로는 '마다가스카르 페리윙클Madagascar Periwinkle'이라고 하는 협죽도과 식물이다.

- **빛과 온도 :** 빛을 좋아하지만 직사광선이 몇 시간 계속 비치면 좋지 않다. 보통의 실내 온도에서 잘 자라지만 8도 이상은 유지해야 한다.
- **물주기 :** 물을 많이 요구하지만 화분을 물이 흥건한 물받이접시에 계속 두는 것은 금물이다. 2주에 한 번 정도 묽은 액체비료를 주면 꽃이 더 많이 더 아름답게 핀다.
- **기타 :** 한해살이풀이므로 꽃이 진 다음에는 버리고 새 식물을 심는 게 좋다.

아프리카제비꽃 *Saintpaulia ionantha*

아프리카 동부 탄자니아가 원산지인 초본성 여러해살이 식물로, 다육질의 타원형 잎에 털이 나 있다. 다양한 색깔의 홑겹 또는 겹꽃이 화사하게 피며, 물관리만 잘하면 비교적 재배하기 쉬운 식물이다. '아프리칸바이올렛African Violet'이라고도 한다.

- **빛과 온도 :** 간접광선 내지 반음지에서 잘 자라며, 직사광선을 받으면 잎이 누렇게 변한다. 인공조명 밑에서 기르기에 적합하다. 따뜻한 곳을 좋아하며 10도 이상을 유지해 주어야 한다.
- **물주기 :** 잎이 로제트 형태로 촘촘히 나오기 때문에 위에서 물을 주면 물이 식물에 고이기 쉽다. 잎에 맺힌 물방울에 직사광선이 닿으면 물방울이 볼록렌즈 역할을 해 잎에 동그란 점이 남는다. 따라서 화분을 물에 담가 10분 정도 저면관수하는 게 좋다. 부득이하게 위에서 물을 줄 때는 잎을 들추고 흙에 바로 준다. 겨울에는 물 주는 횟수를 줄인다.
- **기타 :** 진딧물, 응애, 잿빛곰팡이병, 흰가루병 등에 약하므로 특히 환기에 주의해야 한다. 포기나누기, 잎꽂이 등으로 쉽게 번식시킬 수 있다.

에피덴드룸 *Epidendrum* spp.

가장자리가 톱니 모양인 입술꽃잎이 다른 난들과 달리 위를 향해 달린 보통은 아래를 향해 있음 독특한 양란으로, 꽃이 잘 피고 오래가기 때문에 실내식물로 많은 사랑을 받고 있다. 낱개로 있을 때는 별 모양이 없으나 여러 그루를 모아심으면 장식효과 또한 크다. 난전시회에 가면 여러 가지 색의 에피덴드룸이 무리로 심겨져 전시장을 아름답게 장식하고 있다. 꽃색깔도 다양해서 검정색과 하늘색 계통을 제외하고는 거의 모든 색을 발견할 수 있다고 한다.

- **빛과 온도 :** 밝은 빛을 좋아하기 때문에 빛이 잘 드는 창가나 선룸에서 잘 자란다. 서늘한 곳이나 따뜻한 곳에서 두루 잘 자라지만 겨울철에는 실내에서 키워야 한다.
- **물주기 :** 대부분 연중 계속 자라기 때문에 물을 말리지 않고 잘 주면 계속 자라고 꽃이 핀다. 공중 습도 50~80퍼센트에서 잘 자라기 때문에, 겨울에는 분무기로 자주 물을 뿌려주어 습도를 유지해 주는 게 좋다.
- **기타 :** 꽃송이가 수국처럼 한데 뭉쳐 피기 때문에 줄기에 비해 무거운 편이라 꽃이 많이 필 때는 지지대를 세워주어야 쓰러지지 않는다.

오니소갈룸 *Ornithogalum thyrsoides*

남아프리카가 원산지로, 가을에 꽃이 피는 히아신스과 구근식물이다. 꽃밥, 암술 등이 뚜렷하게 보이는 흰꽃, 미색, 주황색 등의 꽃이 촘촘히 집단으로 피어난다.

- **빛과 온도 :** 빛을 많이 요구하는 식물로 직사광선에서도 잘 자란다. 따뜻한 곳을 좋아하지만 0도까지는 견디므로 겨울에는 서늘한 곳에 둔다.
- **물주기 :** 물이 과하면 죽을 수 있으므로, 규칙적으로 물을 주되 겉흙이 마르기 시작할 때 주어야 한다.
- **기타 :** 꽃이 지면 관상가치가 떨어지므로 야외에 옮겨심거나 버리는 게 좋다.

수국 *Hydrangea macrophylla*

크고 날카로운 톱니 모양의 잎이 선명하다. 꽃이 피기 전에 잎만 보는 것도 좋아 실내식물로 많이 활용된다. 꽃은 분홍색, 보라색, 흰색, 자주색이 있다.

- **빛과 온도 :** 음지에서도 광합성을 하는 내음성 식물이지만, 직사광선에서도 잘 견디며 아름다운 꽃을 피우기 위해서는 빛을 많이 보는 것이 좋다. 따뜻한 곳이나 서늘한 곳에서 두루 잘 견디지만 서늘한 곳을 더 좋아한다. 산수국은 실외의 정원에서 잘 견디지만 용기정원용 재배종 중에는 저온에서는 꽃눈을 만들지 못하고 잎만 무성해지는 것도 있다.
- **물주기 :** 꽃이 피는 동안에는 특히 물을 많이 주고 마르지 않도록 유의한다. 나머지 기간에는 그보다 적게 준다.
- **기타 :** 봄부터 가을까지는 비료를 준다. 겨울에는 비료를 주지 말고 물 주는 횟수도 줄인다.

데이지 *Bellis perennis*

서부 유럽이 원산지로, 우리나라에서 자생하는 민들레와 비슷한 모양과 크기의 일년초 또는 숙근성 다년초다. 샤스타데이지, 하이데이지, 크라운데이지, 마가레트, 잉글리시 데이지 등 다양한 종류가 있다. 원산지에서는 숙근성 다년초지만, 우리나라에서는 초봄을 알리는 한해살이 초화로 취급된다. 저온에 강하고 꽃이 앙증맞고 깔끔해 봄 창가 장식에 적합한 식물이다.

- **빛과 온도 :** 빛을 좋아하며 직사광선에서 예쁜 꽃을 피운다. 너무 오랫동안 광선이 약한 곳에 두면 식물이 웃자란다. 13~15도에서 잘 자라며 기온이 25도 이상 올라가면 잎이 누래지고 꽃이 시든다.
- **물주기 :** 물을 충분히 주되, 물주기는 오전에 끝내는 게 좋다. 특히 창가걸이를 할 때는 바람으로 인해 물이 많이 증발되므로 늘 주의를 기울여야 한다.
- **기타 :** 개화기인 늦봄에 잎 뒷면에 응애가 생기기 쉬우므로 잎이 정상적이지 않으면 뒷면을 검사해 보아야 한다.

만데빌라 *Mandevilla*

윤기가 나는 잎을 가진 덩굴성 식물이다. 화기가 길고 건조에 강해 게으른 사람도 잘 기를 수 있으며 꽃을 계속 볼 수 있다. 상처가 나면 우윳빛 수액이 나오며, 꽃은 트럼펫 모양이고 흰색, 분홍색, 진홍색으로 피는데 우리나라에서는 주로 선홍색 꽃을 볼 수 있다.

- **빛과 온도 :** 직사광선에서 잘 자라는 양지식물이지만 간접광선에서도 견딘다. 빛이 강할수록 선명한 색의 꽃을 볼 수 있다. 따뜻한 곳이나 서늘한 곳에서 모두 잘 자라고 최저 온도는 5도다.
- **물주기 :** 건조에 강하다. 봄부터 가을까지는 규칙적으로 물을 주되 흙이 말랐을 때 주어 습하지 않도록 한다. 겨울철에는 서늘한 곳에 두고 건조하게 유지한다.
- **기타 :** 수액이 피부에 자극적이므로 닿지 않도록 주의한다. 덩굴성 식물이므로 목이 긴 화분에 심어 아래로 늘어뜨리거나 지지대를 세워 타고 올라가도록 하면 장식효과가 크다. 겨울철에는 휴식기에 들어가므로 서늘한 곳에 두고 건조하게 유지한다.

병솔꽃나무 *Callistemon citrinus*

키가 작고 가지가 늘어지는 관목으로, 붉은색 수술이 길게 뻗어나온 꽃이 마치 병 속을 닦는 솔과 같다 하여 '병솔꽃나무'라는 이름이 붙었다. 잎을 문지르면 레몬향이 나며, 생명력이 강해 실내에서 많이 기르지만 여름철에는 실외에서도 기를 수 있다.

- **빛과 온도 :** 직사광선을 좋아하지만 간접광선에서도 잘 견딘다. 따뜻한 곳을 좋아하지만 겨울철에는 서늘한 곳에 둔다. 0도까지도 견딜 수 있고 겨울철 건조한 공기에도 잘 자란다.
- **물주기 :** 비교적 건조에 잘 견디지만 봄부터 여름까지는 규칙적으로 물을 준다. 물을 줄 때는 겉흙이 마르기 시작했는지 확인해야 한다. 물을 많이 주면 뿌리가 썩어 죽는다. 특히 겨울철에는 물 주는 양과 횟수를 줄여야 한다.
- **기타 :** 겨울에는 휴면할 수 있도록 빛이 있는 서늘한 곳에서 기른다. 매년 봄 분갈이를 하고 꽃이 핀 후에는 꽃이 피었던 가지 위를 잘라준다.

칼라 *Zantedeschia*

마치 종이를 말아 만든 조화처럼 생긴 포엽을 가진 다년생 구근식물이다. 굵은 줄기 끝 화려한 트럼펫 모양의 포엽 속에 육수화서의 꽃이 피는데, 포엽의 색깔은 순백색, 노란색, 분홍색, 빨간색, 자주색 등 다양하다. 창이나 화살 모양의 큰 잎은 황녹색 또는 진녹색이며 흰색 반점이 있는 경우도 있다.

- **빛과 온도 :** 빛 적응범위가 넓어 직사광선이나 그늘진 곳에서도 잘 자란다. 그러나 빛을 많이 받는 곳일수록 꽃과 반엽의 색이 선명하다. 온도 적응범위도 넓어 따뜻한 곳에서 서늘한 곳까지 두루 적응한다. 꽃이 피었을 때 따뜻한 곳보다 서늘한 곳에 두면 색이 밝고 수명도 길어진다.
- **물주기 :** 물을 규칙적으로 주어야 하는데 화분 겉흙이 마르기 시작할 때 준다. 물을 너무 많이 주면 뿌리가 썩어 죽는다.
- **기타 :** 가을에는 잎이 시들고 꽃이 다시 피지 않아 볼품없어지므로 버리거나 한쪽에 둔다.

꽃기린 *Euphorbia milii*

가시가 있으며 잎은 타원형이다. 마치 꽃잎처럼 생긴 빨간색, 분홍색, 흰색, 또는 그 중간색의 포엽이 노란색의 작은 꽃을 보호하고 있다. 잎이나 줄기에 상처가 나면 하얀 즙이 나온다.

- **빛과 온도 :** 직사광선을 좋아하며 간접광선에서도 잘 자란다. 따뜻한 곳을 좋아하는 식물이지만 5도까지는 견딘다. 겨울에는 서늘하게 기른다.
- **물주기 :** 규칙적으로 주되 화분 겉흙을 관찰해 마르기 시작하면 준다. 겨울에 접어들어 서늘하게 키울 때는 물주기 횟수와 양을 줄여야 한다. 겨울철에 물주기에 신경을 쓰지 않고 두어도 한 달 정도는 견딜 뿐 아니라 이렇게 건조하게 겨울을 나면 이듬해 꽃이 더 많이 핀다.
- **기타 :** 흰 수액이 피부에 닿으면 사람에 따라서는 염증을 일으킬 수 있으므로 다룰 때는 장갑을 끼는 등 주의해야 한다. 겨울철에는 휴면하도록 서늘하고 건조하게 유지해 준다.

산호수 *Ardisia pusilla*

한국, 북인도, 중국이 원산지인 자금우과 식물이다. 열매가 닭의 눈을 닮았다 하여 '헨스아이Hen's Eye'라고도 불린다. 잎이 늘 푸르고 옆으로 낮게 잘 퍼지는 작은 관목으로, 가꾸기가 비교적 쉽고 꽃은 아니지만 포인트가 되는 붉은 열매를 6개월 정도 감상할 수 있어 용기정원용 식물로 많이 이용된다. 특히 크리스마스 즈음의 겨울 장식용으로 사랑받고 있다.

- **빛과 온도 :** 간접광선에서 잘 자란다. 직사광선 아래에서는 잎이 시들어 말라 죽기도 한다. 20도 정도의 따뜻한 환경을 좋아하며 최저 7도까지 견딘다.
- **물주기 :** 봄부터 가을까지는 2~3일에 한 번씩 규칙적으로 준다. 흙의 성질이 각각 다르므로 기계적으로 2~3일 주기를 맞추기보다 화분 겉흙의 상태를 살펴 너무 습하지 않을 정도로 유지한다. 겨울에는 가끔 물을 준다.
- **기타 :** 봄부터 가을까지 관엽식물용 복합비료를 2주에 한 번 정도 준다. 겨울은 휴식기이므로 비료를 주지 말고 10~15도 정도의 서늘한 장소에서 기른다. 봄이 되면 가지치기를 해 모양을 잡는다.

생명의 기운이 선사하는 안온함, **방 안의 작은 식물원**

빛이 많이 들지 않는 실내 환경에서는 꽃식물을 키우기가 쉽지 않다. 이런 환경에는 특징 있는 잎이나 줄기 식물을 도입함으로써 꽃을 보지 못하는 아쉬움을 달래고, 나아가 독특한 장식효과를 낼 수 있다. 식물의 잎은 보통 녹색이지만 녹색 이외의 색이 줄무늬나 얼룩무늬를 이루는 경우가 있는데 이를 반엽식물斑葉植物이라고 한다. 콜레우스, 테리스, 칼라듐, 칼라테아, 크로톤 등 여러 종류의 식물이 아름다운 반엽을 가지고 있다. 특이한 색깔과 무늬를 뽐내는 반엽종이 아니라도 녹색 잎 자체의 생명력과 건강함이 실내 분위기를 활기차게 만들고, 나아가 실내 공기를 정화하는 효과까지 기대할 수 있다.

- 선택요령 : 잎이나 전체 모양이 아름다운 식물을 선택한다. 골풀처럼 줄기가 특징적인 것도 매력 있다.
- 빛 : 대부분의 관엽식물은 반음지 상태의 부드러운 빛을 좋아한다. 다만 반엽종은 밝은 곳에 두는 게 좋다.
- 온도 : 실내 온도를 따뜻하게 유지한다.
- 습도 : 건조한 공기는 금물이다. 열대우림이 원산지인 관엽식물의 경우 흙은 약간 습한 상태가 좋다.
- 물주기 : 대부분의 식물은 화분 겉흙이 마르기 시작하면 물을 주지만, 습생식물은 용기의 물이 마르지 않도록 수시로 주어야 한다.

사람을 살리는 식물의 힘

요즘 가정이나 사무실마다 화분 서너 개쯤은 가지고 있을 것이다. 살아 있는 식물을 주거공간이나 사무실에 들임으로써 자연과 함께한다는 정서적 안정감을 얻기 위해서일 수도 있고, 실내장식을 위한 시각적·디자인적 고려일 수도 있다. 그런데 요즈음 실내식물이 특히 각광받는 이유는 무엇보다 식물들의 공기 정화 능력 때문일 것이다.

녹색식물이 환경오염원을 제거한다는 미국항공우주국NASA의 보고가 있은 후 식물을 실내에 들이는 것에 대한 인식이 크게 달라졌다. 나사에서는 우주선에 사람을 탑승시킬 계획을 세우면서 우주선의 좁은 실내 공간에 심각하게 가득 찰 휘발성 오염물질에 대해 고민하게 되었다. 월버튼Wolverton 박사를 중심으로 한 식물연구팀은 이 문제를 연구하면서, 우리가 실내에서 기르고 있는 식물들이 실내 오염물질 정화에 큰 효과가 있다는 사실을 발견했다*.

실내식물은 공기 오염물질을 정화시킬 뿐 아니라 전자제품에서 발생되는 유해 전자파를 흡수하고, 식물에 따라서는 인체에 유익한 휘발성 물질을 방출함으로써 우리의 심신을 안정시킨다. 또한 실내의 먼지를 흡수하고 습도를 조절하는 등 사람에게 이로운 환경을 제공한다.

* Wolverton, B. C. 지음 | 부희옥, 전상옥, 김훈식 옮김 | 실내공기정화식물 | 문예마당

실내 공기 정화 능력이 알려지면서 많은 사랑을 받고 있는 스파티필름. 왼쪽은 산세비에리아.

Tip 실내 오염물질과 실내식물의 정화 능력

오염물질	유발 원인	정화식물
포름알데히드formaldehyde	카페트, 합판, 단열물질, 신문 등의 종이	대나무야자, 드라세나류, 에피프레넘, 필로덴드론류, 산세비에리아, 접란
벤젠benzene	접착제, 페인트	드라세나류, 헤데라, 스파티필룸
트리클로로에틸렌trichloroethylene	잉크, 페인트, 락카, 니스, 접착제	드라세나류, 스파티필룸

관엽식물을 더 오래 즐기는 방법

잎이나 줄기를 감상하는 관엽식물觀葉植物은 대부분 원산지인 열대우림 지역의 큰 나무들 밑에서 자생하는 식물이다. 큰 나뭇잎 사이로 새어 들어오는 빛을 받으며 살기 때문에 부드러운 반음지 상태의 빛을 좋아한다. 그러나 반엽종은 좀 다르다. 빛이 부족한 상태에서는 색이 희미하고 줄무늬도 뚜렷하지 않기 때문에, 빛이 잘 드는 곳에 두는 게 좋다.

우리나라의 늦봄에서 초가을5~9월 기후는 관엽식물의 원산지 기후와 비슷하

잎에 다양한 색의 무늬를 가지고 있는 반엽종은 빛이 부족하면 무늬가 희미해져 관상가치가 떨어진다. 왼쪽부터 칼라듐, 테리스, 콜레우스.

기 때문에 관엽식물을 관리하는 데 큰 어려움이 없다. 하지만 10월 말부터 기온이 떨어지기 시작하면 보온에 신경을 써야 한다. 될 수 있는 대로 빛이 따뜻하게 잘 드는 곳으로 옮겨줘야 하지만, 직사광선은 피하는 게 좋다. 사무실처럼 밤에 난방을 하지 않는 환경이라면 창이나 문틈으로 스며드는 차가운 공기에 의해 피해를 입을 수 있으므로 유의해야 한다.

실내 공기는 건조하지 않게 유지한다. 온풍기 등의 난방기구에 식물이 직접 닿지 않아야 함은 물론이거니와, 그 바람에도 노출되지 않도록 각별히 신경을 써야 식물이 건강하게 겨울을 날 수 있다.

Tip 관엽식물의 빛 요구도와 최저 생육온도

● 빛 요구도

강한 빛 : 칼라듐, 틸란드시아, 에크메아

부드러운 중간 정도의 빛 : 안수리움, 알로에, 산세비에리아

약한 빛 : 아디안툼 등 고사리류, 몬스테라, 페페로미아

● 최저 생육온도

10도 이상 : 칼라테아, 크로톤, 아나나스류, 몬스테라 등의 천남성과 식물

5도 이상 : 드라세나, 파키라, 고무나무류

0도 이상 : 켄티아야자, 셰플레라, 아이비

스파티필룸 용기정원 만들기

은은하게 윤이 나는 녹색 잎과 그 위로 우아하게 올라와 수줍은 듯 하얀 꽃을 피우는 스파티필룸은 어떤 환경에서도 잘 자라지만, 특히 실내에서 사랑받는 식물이다. 내음성耐陰性이 강해 빛이 많이 들지 않는 실내에서도 잘 자라고, 온도만 어느 정도 유지해 주면 1년 내내 꽃대가 올라와 꽃이 피며, 싱그럽고 여린 새잎도 부지런히 올라와 싱그러운 녹색을 늘 감상할 수 있기 때문이다.

게다가 실내식물의 공기 정화 기능이 널리 알려지면서 이 식물의 가치는 더욱 높아졌다. 연료가 완전히 연소하지 못해 발생하는 이산화질소NO_2나 이산화황SO_2, 그리고 접착제나 페인트에서 나오는 벤젠 등 공기 오염물질을 효과적으로 정화하는 것으로 알려져 있다. 그래서 조리기구를 사용하는 부엌이나 화장실 등에 두면 특히 효과가 좋다고 한다.

스파티필룸은 성장이 빠르고 옆으로도 왕성하게 자라는 식물이므로 용기에 심을 때는 너무 작지 않은 용기를 선택해야 한다. 또 뿌리가 제법 깊이 뻗고 꽃대가 꽤 길게 올라오므로 깊이도 어느 정도 되는 용기에 심는 게 보기 좋다.

용기를 둔 곳이 빛이 어느 정도 드는

곳이라면, 잎이 너무 한쪽으로만 자라지 않도록 가끔 방향을 돌려주는 게 좋다. 매년 봄에 포기나누기로 번식시키거나 분갈이를 해준다.

How To 스파티필룸 옮겨심기

1. 배수가 잘되도록 화분 바닥에 깔 크기가 4밀리미터 이상인 화분자갈, 배수성과 보비력保肥力이 좋은 원예용 흙, 식물을 다 심은 다음 흙 표면을 마무리해 줄 화장토化粧土를 준비한다.
2. 배수구를 화분 깨진 것으로 막고 화분자갈을 깐다.
3. 원예용품점에서 구입한 원예용 흙이나 자신이 배합한 흙196쪽 참조을 용기의 3분의 1 정도까지 채운다.
4. 준비한 스파티필룸을 플라스틱 화분 또는 원래 심겨 있던 화분에서 빼내 나무젓가락 등으로 흙을 적당히 털어낸다. 이때 너무 길거나 상한 뿌리는 가위로 다듬는데, 뿌리가 상하지 않도록 주의해야 한다.
5. 식물을 옮겨심을 용기에 넣어 높낮이를 가늠하면서 흙을 채워넣는다. 흙은 화분 높이보다 1~2센티미터 낮게 하여 물 줄 때 물이 넘치거나 흙이 튀지 않도록 한다.
6. 화장토로 겉흙을 정리한 후 물을 준다. 뿌리가 자리를 잡도록 그늘에서 1주 정도 두었다가 제자리로 옮겨준다.

Tip 스파티필룸 관리법

- 빛과 온도 : 내음성이 강해 빛이 많지 않은 곳에서도 잘 자란다. 직사광선은 피한다. 18도 이상의 따뜻한 환경을 좋아한다. 겨울에도 25도 이상 유지되면 꽃대가 계속 올라온다. 하얀 화포불염포 안에 노란색 또는 크림색의 작은 꽃이 한데 모여 방망이 모양으로 핀다.
- 물주기 : 꽃대가 많이 올라오는 봄부터 가을까지는 물을 많이 주고 겨울에는 물 주는 양과 횟수를 줄인다. 습한 환경을 좋아해 물속에 있어도 견디지만 건조에는 약하다.
- 기타 : 봄에 포기나누기로 번식시키고, 오래된 꽃줄기는 계절에 관계없이 잘라준다.

용기정원에 알맞은 관엽식물

안수리움 *Anthurium crystallinum*

꽃을 보는 일반적인 안수리움*A. andraeanum*과 달리, 꽃은 별로 아름답지 않으나 잎이 좋아 잎을 감상하는 품종이다. 콜롬비아를 중심으로 자생한다.

- **빛과 온도 :** 간접광선과 그늘에서 잘 자라며 직사광선을 싫어한다. 고온다습한 환경을 좋아하는데, 최저 15도를 유지해야 한다.
- **물주기 :** 물을 자주 주어 흙이 마르지 않게 유지한다. 건조한 실내에서는 분무기로 물을 뿜어주는 등 공중 습도 유지에 관심을 기울여야 한다.
- **기타 :** 식물이 약하고 통풍이 잘 안 될 때는 진딧물, 깍지벌레, 응애 등 해충이 생길 수 있다. 물비누약 등으로 해충의 침입을 막아주어야 한다.

꽃을 보는 안수리움.

산세비에리아 *Sansevieria trifasciata*

생명력이 아주 강한 다육식물로, 서아프리카가 원산지다. 모양이 뱀을 닮았다 하여 '스네이크 플랜트Snake Plant'라고도 불리는데, 뛰어난 공기 정화 능력이 알려지면서 많은 사랑을 받고 있다. 통통한 칼같이 생긴 가죽 질감의 잎이 직립으로 자란다. 잎 가운데의 얼룩무늬와 가장자리의 노란 띠가 다채로운 무늬를 만들어낸다.

- **빛과 온도 :** 간접광선에서 잘 자란다. 직사광선에서는 잎이 누렇게 변한다. 따뜻한 곳, 서늘한 곳에 두루 잘 적응한다. 겨울에는 서늘한 편을 선호한다. 5도까지 견딘다.
- **물주기 :** 지나친 습도에 약한 식물이다. 물주기는 저면관수가 바람직하고 성장기에도 물을 조금 주고 나머지 기간에는 거의 건조하게 유지한다.
- **기타 :** 빛이 충분하지 못하면 잎 무늬의 색이 흐려진다. 잎을 잘라 꺾꽂이하면 뿌리는 잘 나지만 잎 가장자리의 띠는 사라진다.

아디안툼 *Adiantum raddianum*

'공작고사리 Delta Maidenhair Fern'라고도 하는 고사리과 식물이다. 원줄기는 윤기 있는 검은색으로, 밝은 녹색의 작은 잎이 많이 달려 있다. 잎이 자잘하고 하늘하늘해 섬세하고 부드러우며 로맨틱한 느낌을 연출한다.

- **빛과 온도 :** 빛이 잘 드는 곳보다는 반그늘이나 그늘을 선호한다. 직사광선을 받으면 잎이 피해를 입는다. 따뜻한 곳을 좋아하며 5도까지 견딘다.
- **물주기 :** 봄부터 가을까지는 규칙적으로 주고, 겨울철 휴식기에는 물을 조금씩 준다. 습한 환경을 좋아하는 편이지만 물에 잠기도록 하는 것은 금물이다. 잎이 얇고 작기 때문에 공기가 너무 건조하면 마르기 쉬우니 분무기로 자주 물을 뿜어준다.
- **기타 :** 매년 분갈이를 해주면 더 건강하게 잘 자란다.

칼라듐 *Caladium bicolor*

하트 모양의 잎에 흰색, 분홍색, 자주색, 크림색, 연두색 등 다양한 반점이 있는 괴경塊莖 식물이다. 잎이 코끼리 귀를 닮았다 하여 '엘리펀트 이어Elephant's Ear'라고도 불린다. 잎이 화사하여 실내장식에 꽃 대신 쓰이기도 한다.

- **빛과 온도 :** 간접광선을 좋아하지만 그늘진 곳에 오래 두면 잎색이 흐릿해진다. 열대성 식물로 저온에서 잘 견디지 못한다. 실내 온도가 25도 정도 되는 곳에서 잘 자라며 겨울에도 18도 이하로 내려가지 않도록 주의해야 한다.
- **물주기 :** 물이 마르지 않도록 충분히, 자주 준다. 습한 것을 좋아하지만 너무 습하지 않도록 하고, 겨울에는 물을 주지 않는다. 고온다습한 환경을 좋아하는데 흙의 수분보다 공중 습도가 높은 것을 좋아하므로, 겨울철에는 특히 공중 습도 유지에 신경을 쓰는 게 좋다.
- **기타 :** 겨울에는 휴식이 필요하다. 물주기를 멈추면 잎이 마르고 뿌리만 남게 되는데, 괴경이 남아 있는 화분을 온도가 18도 정도 되는 곳에 두고 물을 주지 않으면서 겨울을 난 후, 이른봄에 물을 주기 시작하면 새싹이 나오기 시작한다. 그 전에 분갈이를 하기도 한다.

셰플레라 *Schefflera arboricola*

흔히 '홍콩야자'라고 불리는 식물로, 원산지는 타이완이다. 가죽 질감의 작은 잎 7~11개가 모여 손바닥 모양을 이루며 잎자루는 길다. 전체적으로 촘촘하고 예쁘게 자라 실내식물로 사랑받고 있다. 실내 오염물질인 포름알데히드를 제거하는 데도 효과가 있다.

- **빛과 온도 :** 간접광선을 좋아하지만 직사광선에서도 견딘다. 따뜻하거나 서늘한 곳 어디서나 두루 잘 자란다. 5도까지 견디기 때문에 겨울 사무실 등에서도 잘 자란다.
- **물주기 :** 흙이 말랐을 때 흠뻑 준다. 물이 과하거나 화분이 물에 잠겨 있으면 죽을 수 있으므로 배수가 잘되는 흙에 심어야 한다.
- **기타 :** 깍지벌레, 응애 등의 침입에 주의한다. 깍지벌레가 일단 자라기 시작하면 제거하기가 쉽지 않다. 2~3년에 한 번 봄에 포기나누기로 번식시킨다.

쿠프레수스 *Cupressus macrocarpa* cv. Gold Crest

시중에서는 주로 '율마'라고 불리는 측백나무과 식물이다. 품종명을 따서 '골드크리스트'라고 부르기도 한다. 노란빛이 도는 연한 녹색 잎의 침엽수로, 담배 연기와 일산화탄소를 효율적으로 흡수하는 실내 공기 정화 식물로 알려져 있다. 게다가 피톤치드를 발산하여 실내에서도 삼림욕 효과를 볼 수 있다고 한다.

- **빛과 온도 :** 빛을 많이 받으면 노란색이 더 뚜렷해지지만 내음성도 강하기 때문에 실내 어디서나 키울 수 있다. 실외의 정원수로 활용하는 경우도 있지만, 성장에 적당한 온도가 15~25도이고 겨울에도 12도 정도는 유지되어야 계속 성장하며, 적어도 0~2도는 되어야 살아남으므로 우리나라에서는 실외에서 키우기가 쉽지 않다.
- **물주기 :** 생육기에는 화분 겉흙이 마르면 바로 물을 준다. 겨울에는 건조하게 유지하되 잎이 마르거나 떨어지는 것을 방지하기 위해 잎에 물을 뿌려준다.
- **기타 :** 직사광선을 지나치게 많이 받으면 잎이 오히려 진한 녹색으로 변한다. 밝고 서늘하며 바람이 잘 통하는 곳에서 가장 잘 자란다. 어린 묘목일 때부터 원추형으로 자라 굳이 모양을 관리할 필요가 없지만, 가지치기 등을 통해 자유롭게 다양한 모양으로 가꿀 수 있다.

벤자민고무나무 *Ficus benjamina*

작고 반짝이는 진녹색 타원형 잎을 가진 뽕나무과 식물이다. 잎에 얼룩무늬가 있는 변종도 있다. 가지가 아래로 처지면서 자라기 때문에 '하수형 무화과Weeping Fig'라고 불리기도 한다. 사무실이나 공간이 넓은 실내에 적합하다. 옆의 사진은 잎에 무늬가 있는 반엽종이다.

- **빛과 온도 :** 빛을 좋아하므로 직사광선이나 간접광선에서 기른다. 빛이 부족하면 잎이 떨어지므로 빛 관리에 유의해야 한다. 따뜻한 곳에서 잘 자라지만 0도까지는 견딘다.
- **물주기 :** 봄부터 가을까지는 물을 충분히 주고, 겨울철에는 물 주는 횟수를 줄인다. 건조한 공기에 잘 견딘다.
- **기타 :** 물이나 비료를 너무 많이 주거나 빛이 부족하면 잎이 떨어진다. 비료는 완효성 고체비료를 화분 위에 놓아준다. 겨울에는 물을 줄이고 비료는 주지 않는다. 나무가 크게 성장하므로 필요하면 가지를 쳐서 키를 조절한다. 2~3년마다 봄에 분갈이를 한다.

구즈마니아 *Guzmania dissitiflora*

본래는 다른 식물의 표면이나 바위에 붙어서 자라는 착생식물로, 생명력이 강한 파인애플과 식물이다. 선형의 밝은 초록색 잎이 로제트 형식으로 나온다. 직립한 화서의 끝에서 꽃이 나오는데, 포엽봉오리를 싸 보호하는 잎이 꽃과 같이 붉은색이다.

- **빛과 온도 :** 온도 적응범위는 넓지만 직사광선은 피해주어야 한다. 따뜻한 곳에서 잘 자라므로 15도 이상인 곳에서 기르는 것이 좋다.
- **물주기 :** 로제트 형태로 나온 잎 가운데 통 안에 미지근한 물을 준다. 건조해도 2~3주는 잘 견딘다.
- **기타 :** 서늘하게 기르는 계절을 제외하고는, 로제트 잎의 통 안에 항상 물기가 있어야 한다. 비료나 액비도 이 통 안에 준다.

관음죽 *Rhapis excelsa*

중국 남부가 원산지인 작은 야자 식물로, 대나무처럼 가늘고 긴 줄기는 성긴 섬유질로 조밀하게 싸여 있다. 부챗살처럼 열 개 이상 갈라진 잎은 광택이 나며 가죽 질감이다. 기르기 쉽고 나무 모양이 좋아 어느 정도 넓은 공간에 두면 장식효과가 크다.

- **빛과 온도 :** 빛이 잘 드는 곳에 두되 여름의 강한 직사광선은 피한다. 온도 적응범위가 넓고 최저 5도만 유지되면 주야간 온도차가 큰 사무실 등에서도 기를 수 있다.
- **물주기 :** 화분 겉흙이 마르면 바로 물을 주되 어느 정도 규칙적인 물주기가 좋다. 너무 습하면 뿌리가 썩을 수 있으니 유의한다.
- **기타 :** 굵은모래를 많이 넣어 배수가 잘 되도록 한다. 아랫부분의 잎이 죽거나 상태가 좋지 않으면 바로 잘라준다. 여름에 실외로 내놓을 경우에도 잎의 황화를 막으려면 직사광선을 피해 반그늘에 두어야 한다. 같은 야자나무과의 종려죽*Rhapis humilis*은 손바닥 모양의 잎이 관음죽보다 더 많은 20개 이상으로 갈라져 있으며, 기르는 요령은 관음죽과 비슷하다.

접란 *Chlorophytum comosum*

남아프리카가 원산지로, 생명력이 강하고 기르기 쉬워 실내식물로 많은 사랑을 받고 있다. 특히 초보자들에게 인기가 좋다. 잎은 난초처럼 가늘고 길며 가운데 흰색 또는 크림색의 선명한 줄무늬가 있는 것과 전체가 다 녹색인 종류가 있다. 로제트 형태로 자라는 다년생 식물로, 기는줄기stolon의 늘어진 끝에 흰색의 작은 꽃이 피고 새끼화초가 달린다. 그 모습이 거미줄을 치는 거미 같다고 해서 '스파이더 플랜트spider plant'라고도 불린다. 잎과 줄기가 늘어지면서 자라기 때문에 공중걸이용으로 적합하고, 실내 공기 정화 식물로도 이용되고 있다.

- **빛과 온도 :** 직사광선을 피하고 간접광선에서 기른다. 25도 정도의 따뜻한 곳을 좋아하지만 겨울에는 서늘한 곳에 두는 게 좋다. 5도까지 견딘다.
- **물주기 :** 봄부터 가을까지는 물을 충분히 준다. 겨울에는 물 주는 횟수를 줄이는 대신 공중 습도를 유지하기 위해 자주 분무해 준다.
- **기타 :** 습도가 높아야 잘 자란다. 2년에 한 번 정도 분갈이를 하고, 새끼화초는 연중 어느 때나 떼어 번식시킬 수 있다.

필로덴드론 셀로움 *Philodendron selloum*

'친구'라는 뜻의 그리스어 필로스philos와 '나무'라는 뜻의 '덴드론'이 합해진 이 식물의 이름은, 스스로 서지 못하고 나무와 친구하여 기어오르는 성질 즉 덩굴성을 나타낸다. 원산지인 열대아메리카에는 200여 종이 자생할 정도로 종류가 다양하다. 시중에서는 주로 '셀륨'이라고 불린다.

- **빛과 온도 :** 반그늘에서 잘 자라며 20~25도의 따뜻한 곳을 좋아한다. 겨울에도 7~8도를 유지해 주어야 한다.
- **물주기 :** 다습한 조건에서 잘 자란다. 5~9월에는 화분 겉흙이 마르면 매일 아침저녁으로 물을 주고 가을 이후에는 건조하게 기른다. 여름의 고온건조기에는 잎에 물을 뿌려주어 공중 습도를 높이면서 진딧물 등의 해충 피해도 예방한다.
- **기타 :** 식물이 커가면서 잎이 옆으로 퍼져나가 공간을 많이 차지하게 되므로 처음부터 공간 배치를 잘해야 한다.

'봉래초'라고도 불리는 몬스테라*Monstera deliciosa*는 필로덴드론과 비슷한 성질의 식물로, 재배법도 비슷하다.

알로카시아 *Alocasia x amazonica*

화살표 모양의 잎과 뚜렷한 잎맥이 강인한 느낌을 주는 천남성과 식물이다. 잎이 크고 아름다우며 선이 굵기 때문에 거실이나 사무실 등 공간이 어느 정도 넓은 곳에 적합하다.

- **빛과 온도 :** 간접광선이나 그늘에서 잘 자라며, 직사광선은 해롭다. 따뜻한 곳을 좋아하고 겨울에도 15도 정도는 유지해 주어야 한다.
- **물주기 :** 흙을 항상 습하게 유지해 준다. 고온다습한 환경을 좋아하므로 분무기로 자주 물을 뿜어준다.
- **기타 :** 매년 봄에 분갈이해 준다. 봄에 땅속줄기를 잘라서 번식시킨다.

렉스베고니아 *Begonia rex*

인도가 원산지로, 비대칭 하트 모양의 잎이 무성한 초본성 식물이다. 잎에 분홍색, 초록색, 은색, 빨간색, 갈색 등 다양한 색의 무늬가 있어 실내에서 꽃과 같은 역할을 한다. '잎베고니아'라고도 한다.

- **빛과 온도 :** 직사광선은 피하고 간접광선에서 키운다. 따뜻한 곳을 좋아하므로 겨울에도 10도 정도는 유지해 주어야 한다.
- **물주기 :** 봄부터 가을까지는 규칙적으로 물을 주되, 화분 겉흙이 마르기 시작하면 준다. 겨울에는 물 주는 횟수를 줄이는 대신 공중 습도를 유지하기 위해 자주 분무해 준다.
- **기타 :** 높은 습도를 좋아하지만 공중 습도가 너무 높으면 잿빛곰팡이병이 생기고, 건조하면 흰가루병이 생기기 쉽다. 통풍이 잘되는 곳에 두고 진딧물과 응애가 생기지 않았는지 주의 깊게 관찰해야 한다.

테리스 *Pteris cretica*

연녹색의 긴 잎 가운데 흰 무늬가 있는 고사리류로, 식물 전체의 크기가 작아 실내장식용 소품으로 많이 이용된다.

- **빛과 온도** : 고사리류는 나무 밑 깊은 그늘에서 자라기 때문에 빛이 별로 필요없다고 생각하기 쉽지만, 직사광선은 아니더라도 간접광선이 드는 밝은 그늘에서 기르는 게 좋다. 빛이 부족한 곳에서도 견디기는 하지만 중앙의 흰색이 선명하게 나타나지 않는다. 비교적 낮은 온도에서 잘 자란다.
- **물주기** : 고사리류에 속하므로 수분을 좋아하는데 특히 높은 공중 습도가 유지될 때 아주 잘 자란다. 그러나 건조에도 비교적 강해 공중 습도가 40퍼센트 정도 되는 곳에서도 견딘다. 물은 주기적으로 늘 마르지 않게 충분히 주지만 뿌리가 물에 잠기게 두어서는 안 된다. 특히 더운 여름철에는 큰 피해를 입을 수 있다.
- **기타** : 접시정원을 만들 때 용기가 납작하고 작은 경우에는 수분이 쉽게 증발해 건조 피해를 입을 수 있으니 주의해야 한다.

집 안에서 가장 깨끗하고 안정적이어야 하는 공간은 가족의 건강을 책임지는 주방일 것이다. 그런데 음식을 조리하기 위해 불을 이용하는 주방은 공기가 오염되기 가장 쉬운 공간이기도 하다. 이러한 주방에 적절한 식물을 선택해 용기정원을 꾸미면 여러 가지 효과를 기대할 수 있다.

요리하다 남은 당근이나 미나리 줄기를 물을 담은 용기에 올려 빛이 잘 드는 창가에 놓아두면 신기하게도 금방 싹이 나서 소복하게 자란다. 고구마 꽁다리도 물에 담가놓으면 고구마순이 움터 주방 창에 녹색 커튼을 드리운다. 주방의 작은 창 주변을 예쁜 꽃으로 장식할 수도 있고, 허브나 채소 등 식용식물을 심어 신선한 먹을거리를 조달할 수도 있다. 주방은 용기정원을 꾸미기에 정말 안성맞춤인 공간이다.

- 선택요령 : 짧은 기간에 빨리 자라는 채소나 허브를 선택한다. 물에서 키우는 여러 가지 새싹채소는 작은 용기에서도 쉽게 키워 먹을 수 있다.
- 빛 : 주방의 창가 등 밝은 빛이 장시간 드는 곳이 좋다. 직사광선도 괜찮다.
- 온도 : 보통의 실내 온도를 유지한다.
- 습도 : 건조하고 통풍이 잘되는 곳이 좋다.
- 물주기 : 화분 겉흙이 마르면 물을 준다.

파릇파릇 언제나 싱싱한 새싹채소정원

웰빙붐이 일면서 새싹채소가 각광을 받고 있다. 다 자란 채소보다 비타민과 무기질이 훨씬 풍부한 새싹채소는 농약 걱정 없이 자신이 직접 키워 신선하게 먹을 수 있어서 더 매력적이다. 키우는 방법도 아주 쉽고 간단하다. 별다른 기구 없이도 손쉽게 키울 수 있을 뿐만 아니라, 씨앗을 뿌려 싹이 트는 과정을 직접 관찰할 수 있기 때문에 관상용 용기정원으로도 제격이다. 다만 생육기간이 짧은 새싹채소는 씨앗 선택이 관건이라고 할 수 있으므로, 좀더 깨끗하고 건강한 씨앗을 구입하기 위해 신경을 써야 한다.

Tip 새싹채소의 기적

'새싹맨Sproutman'이라는 별명을 가진 스티브 메이어로위츠Steve Meyerowitz는 지병인 알레르기와 천식을 새싹채소로 극복한 후 새싹채소의 기적과도 같은 효능을 전파하는 전도사가 되었다.

그는 1970년대에 뉴욕의 한 아파트 14층에 있는 자신의 집에서 새싹채소를 키워 먹기 시작해 건강을 되찾았다. 그후 그곳을 '새싹의 집Sprout House'으로 만들어 '살아 있는 음식'인 새싹채소를 알리고 재배법과 활용법을 교육하는 장으로 이용하고 있다.

그의 주장에 따르면, 새싹채소는 '완전 무공해 식품'으로 가장 영양가 높은 식물이라고 한다. 즉, 새싹채소를 수확하는 시기가 그 식물의 생장주기에서 단백질과 비타민을 비롯한 영양가가 가장 높은 때라는 것이다.*

새싹채소를 기르는 데 소요되는 시간은 하루에 1분뿐이며 특별한 원예기술도 필요치 않다. 새싹채소를 수확하는 시기는 온도와 계절 등의 환경 요인과 식물의 종류에 따라 다르지만, 씨앗 중 90퍼센트가 껍질이 벗겨지고 떡잎이 좌우 양쪽으로 벌어졌을 때 수확하면 된다. 일반적인 수확시기파종 후 기준는 아래 표와 같다.

5~6일	7일	8~12일	12~14일
무, 양배추, 케일, 순무, 겨자	알팔파, 클로버	메밀, 실파, 해바라기	마늘, 양파

* Meyerowitz, S. | Sprouts, The Miracle Food | Sproutman Publication | 1999

How To 입맛을 돋우는 쌉싸름한 맛, 무순 키우기

무순은 씨앗을 뿌리고 5~6일만 지나면 바로 먹을 수 있다. 매운맛이 강해 생선회나 고기와 잘 어울린다. 또 샐러드, 비빔밥, 알초밥 등 다양한 요리에도 쓰여 입맛을 돋우는 역할을 한다. 손님을 초대할 때 일주일 정도의 여유만 있으면 바로 기르기 시작해도 제때 쓸 수 있다.

1. 씨앗을 정수한 물에 하룻밤 담가둔다.
2. 우묵한 그릇에 키친타월 또는 탈지면을 여러 장 겹쳐 깔고 물을 흠뻑 적신다.
3. 젖은 키친타월 또는 탈지면 위에 씨앗이 서로 겹치지 않도록 평평하게 깐다.
4. 씨앗이 싹틀 때까지는 그늘에 두었다가 싹이 트면 밝은 곳으로 옮긴다.
5. 여름에는 물을 자주 갈아준다.

내 손으로 키우는 건강한 먹을거리, 채소정원

요즘 건강을 위해 비싼 가격에도 불구하고 유기농 농산물을 찾는 주부가 점점 늘어나고 있다. 환경이나 우리 농가의 경쟁력을 위해 바람직한 일이긴 하지만, 가장 좋은 방법은 자신이 직접 키워 먹는 것일 것이다. 물론 온통 시멘트로 둘러싸인 도시에서 생활하는 사람들에게는 '그림의 떡' 같은 얘기겠지만 말이다. 그래도 주방 한 켠에 배추나 상추 등의 잎채소, 또는 방울토마토나 고추 같은 열매채소를 심은 용기를 두면 보기에도 좋을 뿐만 아니라, 싱싱한 채소를 그때그때 따먹는 기쁨을 누릴 수 있다.

상추나 배추는 서늘한 봄철이나 가을에 잘 자라는 잎채소葉菜類다. 4월에 모종을 구입해 옮겨심거나 3월부터 직접 씨를 뿌리고 싹을 틔워 키운 모종을 심어 햇볕이 잘 드는 곳에서 기르면, 5월부터 직접 기른 무공해 채소를 따먹을 수 있다. 잎채소는 일반적으로 물을 좋아하지만 물이나 비료기가 지나치면 웃자라고 맛이 없어지므로 주의해야 한다.

Tip 직접 키워 먹을 수 있는 무공해 채소

실내에서 용기를 활용해 직접 키워 먹을 수 있는 채소로는 무, 배추, 상추, 미나리, 시금치 등의 엽채류와 방울토마토, 오이, 가지 등의 과채류가 있다. 방울토마토는 큰 화분에 화원에서 구입한 모종을 심고 햇볕이 좋은 곳에 둔다. 2주에 한 번 정도 액비를 주고 곁순을 따주면 토마토가 심심치 않게 열린다. 가지도 같은 방법으로 키울 수 있다. 오이는 덩굴성 식물로 지주를 세우고 순지르기를 제대로 해주어야만 열매가 열리는데, 약간의 기술을 요하는 작업이지만 책을 참고해 시도해 볼 만하다.

미나리　　상추　　방울토마토

How To 질릴 때까지 계속 따먹을 수 있는 상추정원 만들기

1. 화분이나 스티로폼 상자 등 적당한 크기의 용기를 준비한다. 용기 밑은 물이 잘 빠지도록 구멍을 낸다.
2. 시판되는 원예용 흙을 그대로 쓸 수도 있지만 일반 밭흙을 반 정도 섞어 사용하는 게 좋다.
3. 흙을 반 정도 채우고 상추 모종을 배치한 후 높이를 조절하면서 흙을 채워넣는다. 용기의 크기에 따라 흙의 높이가 다를 수 있지만, 용기 높이에서 최소한 1~2센티미터는 낮아야 물을 줄 때 넘치지 않는다. 반면 흙높이가 너무 낮으면 줄기가 콩나물처럼 웃자라 빛을 향해 굽는다.
4. 물을 충분히 주고 2~3일은 반그늘에 두었다가 볕이 잘 드는 곳으로 옮겨 기른다.
5. 잎이 어느 정도 자라고 줄기가 튼실해지면 아래에서부터 따먹는다.

음식냄새를 상쾌한 향기로 바꾸는 허브정원

보리지

제라늄

세이보리

'요리나 약으로 이용되는 등 인간의 생활에 도움이 되는 향기 나는 풀'로 알려진 '허브Hub'의 어원은 라틴어 허바Herba, 푸른 풀다. 허브는 예로부터 통증을 진정시키고 부패를 막는 등 약초로서 중요한 역할을 해왔다. 고대 이집트에서는 귀족이 죽으면 시체가 썩지 않도록 커민·시나몬·마조람 등의 향유를 발라 미라를 만들었다고 전한다.

로마제국이 유럽 전역으로 세력을 확장하면서 유럽 각지로 퍼진 허브는 약용에서 사치품으로 변했고, 이때 방향芳香요법이 생겨나기도 했다.

4세기경에는 아시아의 허브가 실크로드를 따라 유럽에 소개되었는데, 치커리는 말라리아나 간장병을 고치는 약초로, 로즈메리는 악귀를 쫓는 신성한 식물로 여겨졌다. 15세기 말 유럽 국가들이 남미 여러 나라를 식민지로 삼으면서

대개 허브를 키우기 까다로운 식물로 알고 있지만, 허브는 실내에서 특별한 관리를 해주지 않아도 잘 자라는 식물이다. 발코니 등 햇볕이 잘 드는 곳에 두고 통풍에 신경을 써주면 된다.

한련화

타임

바질

라벤더

오레가노

로즈메리

민트

인디언들의 허브 재배기술이 유럽에 전해졌다.

허브는 강한 방향성 물질을 가지고 있는데, 이는 대체로 작은 식물들이 종족 번식을 위해 멀리서도 향을 느낄 수 있도록 하기 위한 것이라고 한다. 허브의 향은 대개 백합이나 장미같이 향기를 발산하는 것이 아니라 문지르면 비로소 특유의 향을 낸다. 향은 꽃이 필 때 가장 강하다.

현재 전세계에 약 2,500여 종의 허브가 자생하고 있으며, 생명력이 강해 어느 곳에서나 잘 자라지만 통풍과 보온 및 배수가 잘되고 척박하더라도 햇빛이 충분한 토양에서 특히 잘 자란다. 라벤더 등 많은 허브가 기름진 땅에서는 잘 자라지 못한다는 특징이 있다.

허브는 비타민과 미네랄이 풍부하고 소화, 이뇨, 항균 등 각종 약리 성분이 있어 동·서양을 막론하고 오랫동안 사랑받아 왔다. 주로 차로 만들어 마시거나 고기나 생선 등의 요리에 이용되는데, 단맛·매운맛·쓴맛·신맛 등의 맛에 변화를 주기도 한다. 카페인이 거의 없는 허브차는 혈액순환을 원활하게 하고, 강한 향을 이용하는 아로마테라피는 마음과 피부를 진정시키는 등 미용효과까지 있는 것으로 알려져 최근 각광을 받고 있다.

우리나라에서는 예로부터 약초 외에도 미나리, 쑥갓, 마늘, 파, 생강, 고추 등 독특한 향채소와 창포, 쑥, 익모초 등이 널리 쓰여왔다. 최근에는 허브에 대한 관심이 높아지면서 좀더 다양한 허브를 접할 수 있게 되었다. 타이 음식에 빼놓을 수 없는 고수코리앤더, 감자·토마토 및 치즈와 잘 어울리는 바질, 고기요리에 곁들이는 타임이나 로즈메리는 이제 전혀 낯설지 않을 정도다.

이들 허브는 화원이나 꽃시장에서 쉽게 모종을 구할 수 있으므로 플라스틱 화분에 담긴 어린 모종을 적당한 크기의 용기에 옮겨심어 기르면서 그 맛과 향을 즐길 수 있다. 한 종류를 한 화분에 독립적으로 기를 수도 있지만, 커다란 용기에 여러 종류의 허브를 모아심으면 다양한 색과 향을 한꺼번에 즐길 수 있다. 공간이 충분하지 않을 때는 공중걸이를 만들어 기르는 것도 좋은 방법이다.

허브는 대부분이 양지식물이기 때문에 빛이 잘 들지 않는 공간에서는 콩나물처럼 창백하게 자라기 쉽다. 좀더 관심을 기울여 볕이 잘 드는 곳을 따라 화분을 옮겨주는 정성을 쏟는다면, 왕성한 생명력을 자랑하는 허브의 매력이 한껏 발산될 것이다.

Tip 여러 가지 허브의 효능

이 름	재배 조건	이 용			
		부위	식용	건강 및 미용 효과	기타
고수Coriander *Coriandrum sativum*	양지/거름지고 물빠짐이 좋은 흙	잎, 꽃, 종자, 뿌리	샐러드, 식초, 육류, 야채, 달걀, 치즈, 콩	식욕 증진, 소화불량 치료	향, 포푸리
딜Dill *Anethum graveolens*	양지/거름지고 물빠짐이 좋은 흙/서늘한 곳	잎, 꽃, 종자	샐러드, 수프, 치즈, 달걀, 육류, 야채, 식초, 피클, 소스	소화불량, 입냄새, 불면증, 기침, 이뇨제	장식소품, 부케
바질Basil *Ocimum spp.*	한해살이/양지/수분이 있고 거름진 흙	잎, 꽃	샐러드, 수프, 야채, 달걀, 치즈, 육류, 생선, 과일, 감자	두통, 고열, 감기, 소화불량, 메스꺼움, 스트레스, 변비	파리 퇴치, 포푸리
라벤더Lavender *Lavandula spp.*	강한 햇빛/물빠짐이 좋은 흙/대부분 월동 불가/폭염과 습기에 약함	잎, 꽃	과자와 케이크, 차	긴장, 두통, 입냄새, 불면증, 피부 손질, 헤어린스	장식소품, 포푸리, 방향제
레몬버베나Lemon Vervena *Aloysia triphylla*	밝은 곳/수분이 많은 흙/월동 가능	잎	소스, 샐러드 드레싱, 차, 식초, 과일	불면증, 소화불량, 메스꺼움, 코막힘, 마사지오일, 피부관리,	포푸리
레몬밤Lemon Balm *Melissa officinalis*	여러해살이/양지 내지 반그늘/건조에 약함	잎, 꽃	차, 와인, 생선, 과일샐러드, 버터, 식초	불안, 가벼운 우울증, 두통, 불면증, 소화불량, 메스꺼움	포푸리, 가구광택제, 벌 유인
로즈메리Rosemary *Rosmarinus officinalis*	강한 햇빛/거름지고 물빠짐이 좋은 흙	잎, 꽃	육류, 야채, 달걀, 치즈, 빵, 버터	소화불량, 기억력 · 집중력 저하, 목통증, 근육 · 관절통, 화상, 피부관리, 헤어린스	포푸리, 항균 · 소독액
민트Mint *Mentha spp.*	짧은 일조시간/수분이 많은 흙/월동 가능/생명력이 왕성해 다른 식물을 침범	잎, 꽃	야채, 과일, 소스, 젤리, 시럽, 식초, 차	소화불량, 감기 · 독감, 딸꾹질, 불면증, 건위제, 기억력 · 집중력 저하	부케, 포푸리, 생쥐와 곤충 퇴치
세이지Sage *Salvia spp.*	강한 햇빛/고온/물빠짐이 좋은 흙/겨울을 나기 어려움	잎, 꽃	야채, 과일, 소스, 젤리, 시럽, 식초, 차	소화불량, 설사, 스트레스, 기침, 폐경기, 피부관리, 목 아픈 데	소품, 곤충퇴치제, 방향제, 항균세척제
오레가노Oregano *Origanum vulgare*	강한 햇빛/물빠짐이 좋은 흙	잎, 꽃	샐러드, 치즈, 달걀, 토마토소스, 스튜, 콩, 식초, 버터	소화불량, 기침, 두통, 생리통, 관절 · 근육통, 배멀미	부케, 소품
향제라늄Scanted Geranium *Pelargonium spp.*	양지/습하나 물빠짐이 좋은 흙/추위에 약함	잎, 꽃	잎, 꽃디저트, 젤리, 버터, 시럽, 샤베트, 식초, 음료	피부관리	관상용, 포푸리, 꽃다발
차이브Chives *Allium schoenoprasum*	양지/습하고 기름지나 물빠짐이 좋은 흙/여러해살이	잎, 꽃	샐러드, 야채, 닭고기, 생선, 달걀, 치즈, 수프, 식초, 버터	식욕 증진, 소화불량	관상용, 소품, 부케, 병해충 방제
캐모마일Chamomile *Chamaemelum nobile*	어디서나 비교적 잘 자람/저온에 약함	꽃	샐러드, 야채, 닭고기, 생선, 달걀, 치즈, 수프, 식초, 버터	소화불량, 메스꺼움, 불면증, 비듬, 피부세정	관상용, 절화보존액, 포푸리, 입고병 방제, 식물 생육 촉진
타임Thyme *Thymus spp.*	강한 햇빛/고온성으로 건조에 잘 견딤	잎, 꽃	샐러드, 스튜, 수프, 소스, 육류, 달걀, 야채, 치즈, 식초	소화불량, 코막힌 데, 피부관리, 불면증, 비듬, 목 아픈 데, 상처	관상용, 포푸리, 곤충퇴치제
펜넬Fennel *Foeniculum vulgare*	비료기가 많은 흙/빛에 대한 적응도가 높은 편	잎, 종자, 꽃	샐러드, 수프, 육류, 생선, 야채, 달걀, 치즈, 버터, 식초, 차	소화불량, 식욕억제제, 피부관리, 목 아픈 데, 갱년기 증상	부케

사랑스러운 녹색과 은은한 향기로 눈과 마음을 편안하게 해주고 요리에도 활용할 수 있는 허브를 직접 키워보고는 싶지만, 주방이 너무 좁아서 라벤더화분 하나 들여놓기도 벅차다면, 한 가지 방법이 있다. 머리에 '이고' 있으면 된다. 진짜로 이고 있으란 말이 아니라 공중의 빈 공간을 활용하라는 얘기다. 그중에서도 빛이 잘 드는 곳을 골라 멋진 허브 공중정원을 만들어보자.

아파트에서는 허브 모종만 구할 수 있다면 어느 때든 시작할 수 있지만, 외부 온도에 민감한 일반 주택의 경우 4월 말이나 5월 초에 시작하는 게 좋다.

1. 심을 허브를 몇 가지 정해 구입하고, 모양이 좋고 가벼운 용기를 준비한다.
2. 용기를 수태스패그넘이끼로 한 바퀴 둘러싼다. 그 위에 비닐을 까는데, 적당하게 물빠짐 구멍을 뚫어주어야 한다.

3. 가볍고 유기질 성분이 풍부한 배양토를 촉촉이 적셔 반쯤 채워넣는다.
4. 식물을 배치하고 빈 곳을 흙으로 채워넣으면서 마무리한다. 밑으로 늘어지는 허브를 맨 가장자리에 심고, 그 안쪽에 옆으로 퍼지면서 자라는 허브를 심는다. 가운데에는 차이브나 라벤더처럼 위로 자라는 식물을 심어 포인트를 준다. 이때 특히 무게균형을 잡는데 주의해야 한다. 균형이 맞지 않으면 공중에 걸었을 때 한쪽으로 기울어져 모양이 보기 싫게 된다.
5. 용기가 좀 크고 높을 경우, 옆에 구멍을 뚫어 허브를 심으면 좀더 풍성하고 독특한 공중걸이가 된다. 이때는 옆으로 심는 작업을 먼저 한 후 흙을 채워넣으면서 4번과 같이 마무리하면 된다. 좁은 구멍에 식물을 심을 때는 뿌리가 다치지 않도록 신문지 등으로 감싸 구멍에 넣은 후, 신문지를 풀고 흙을 채워넣어 주면 된다.
6. 심기가 끝나면 위를 다시 수태로 마무리하고 물을 준다.

주방에서 키우기 알맞은 허브

라벤더 *Lavandula anguistifolia*

허브 중에서 가장 사랑받는 향을 지니고 있어 방향제 또는 향수의 재료로 널리 이용되고 있다. '라벤더Lavender'라는 이름은 '씻다'라는 뜻의 라틴어 라바레lavare에서 파생되었는데, 이는 로마인들이 목욕할 때 이 식물을 이용했기 때문이다. 라벤더의 향은 정서불안, 불면증, 스트레스 해소에 특히 효과가 있어 향치료에 많이 쓰이고 있다.

- **빛과 온도 :** 직사광선과 밝은 간접광선에서 잘 자란다. 건조한 환경을 좋아하는 허브라서 여름철 우기가 긴 우리나라에서는 재배하기가 까다로운 편에 속하고, 겨울을 날 수 있는 종류가 많지 않다.
- **물주기 :** 건조하고 척박한 토양에서 잘 자라는 식물이므로 과습하지 않도록 신경을 써야 한다. 건조한 환경에서는 견디지만 습한 화분에서는 오래가지 못한다. 물빠짐과 통풍이 좋은 곳에서 기른다.
- **기타 :** 라벤더에는 아름다운 꽃이 피는 다양한 종류가 있는데, 모두 석회질 토양을 좋아하고 물빠짐과 통기성이 좋아야 뿌리가 정상적으로 발달한다. 새로 나온 가지를 꺾꽂이해 증식할 수 있다.

세이지 *Salvia* spp.

세이지의 종류는 무척 다양하다. 보통 '샐비어salvia'라고 하는 가든세이지,
잎에 녹색 · 흰색 · 자주색의 3색이 섞인 트리컬러세이지, 잎에 노란 무늬가 있는 골든세이지,
잎이 자주색인 퍼플세이지, 식용으로 많이 쓰이는 파인애플세이지 등.
파인애플세이지(사진)는 특히 빨간 꽃이 아름답다.

세이지Sage는 '건강하다'는 뜻의 라틴어 '살베오salveo' 또는 '치료하다'는 뜻의 '사드베레sadvere'에서 유래했다. 예로부터 만병통치약으로 알려진 약용식물로, 특히 뇌와 근육의 작용을 향상시킨다. 고대 이집트에서는 '지혜를 주는 식물'이라 하였고, 그 향은 정신 안정과 스트레스 해소에 좋으며 각종 화장품의 원료로도 쓰인다.

- **빛과 온도 :** 햇빛을 많이 받는 곳에서 왕성하게 자란다. 밝은 간접광선에서도 무리없이 자란다. 추위에 약해 야외에서는 겨울을 나지 못하는 종류가 많다.
- **물주기 :** 지나치게 습한 것을 아주 싫어하므로 물빠짐이 좋은 흙을 사용하고, 화분 겉흙이 말랐을 때 물을 주면서 건조하게 기른다.
- **기타 :** 봄과 가을에 파종하며, 봄에 꺾꽂이나 휘묻이를 하여 증식할 수 있다. 생잎으로 또는 건조해서 급속냉동시키거나 식초, 버터 등으로 가공해서 요리에 쓰기도 한다.

민트 *Mentha* spp.

꿀풀과에 속하는 숙근초로, 식물 전체에서 독특한 박하향이 난다. 톡 쏘는 듯한 청량감 때문에 고기요리나 음료, 샐러드에 많이 이용되고 있다. 잎을 말려 걸어두면 불쾌한 냄새를 제거하고, 차로 마시면 감기와 두통, 숙면에 효과가 있다. 입냄새를 방지하는 효과가 있어 구취방지제나 치약의 원료로 이용된다.

- **빛과 온도 :** 강한 빛보다 오히려 간접광선에서 잘 자란다. 어떤 온도에서도 잘 적응하는 편이다.
- **물주기 :** 습한 환경을 좋아하므로 화분이 마르지 않도록 주의한다.
- **기타 :** 생장력이 왕성해 다른 식물의 생장을 억제하는 '침략성 식물invasive plant'이다. 따라서 다른 허브와 같이 심지 말고 단독으로 심는 것이 좋다. 박하속은 북반구에만도 25~40종이 있을 정도로 다양하다. 재배종으로 스피아민트, 페퍼민트, 저패니즈민트, 스카치민트, 골든민트, 페니로열, 워터민트, 오렌지민트, 애플민트, 파인애플민트 등이 있다.

로즈메리 *Rosemarinus officinalis*

고대로부터 유대인, 그리스인, 이집트인, 로마인에게 성스러운 식물로 여겨졌다. 학명 *Rosemarinus*은 라틴어로 '바다의 이슬 ros marinus'이라는 뜻으로, 자생지의 해변에서 독특한 향기를 발한다고 해서 붙여진 이름이다. 향수나 약품의 재료로 널리 쓰이며 고기요리를 비롯한 여러 가지 서양요리에 곁들여진다. 로즈메리의 향은 뇌기능을 증진시키고 신경을 안정시키며 혈액순환을 촉진하는 효과가 있는 것으로 알려져 있다. 기르기도 쉬워 가정에서 화분에 심어 수시로 잎을 따서 차나 요리에 곁들이면 좋다.

- **빛과 온도 :** 빛이 잘 드는 곳을 좋아한다. 더위에는 강하나 추위에 약하므로 우리나라 중부에서는 야외에서 겨울을 나기가 어렵다. 겨울철에는 서늘한 곳에서 기른다.
- **물주기 :** 습하지 않도록 주의한다. 겨울에는 물을 극히 조금만 준다.
- **기타 :** 가지가 길어지면 수시로 잘라 차나 요리에 곁들이면서 다보록하게 키우는 게 좋다.

타임 *Thymus vulgaris*

살균력이 있는 '티몰'이라는 성분을 함유하고 있는 여러해살이 상록 소저목小低木으로, 타임Thyme이라는 이름은 '소독한다thuo'는 뜻의 그리스어에서 유래되었다. 식물 전체에서 향기가 나며 건조하면 향이 더욱 진해진다. 향신료 및 약용으로 널리 쓰이는데, 강장 효과가 뛰어나고 두통이나 우울증 같은 신경성 질환이나 빈혈 및 피로 해소에 좋다. 서양요리에도 널리 쓰이는데 양파, 토마토, 와인의 맛과 잘 어울리고 양, 돼지, 닭 등 고기 요리에 주로 이용된다.

- **빛과 온도 :** 햇빛을 아주 좋아한다. 고온과 저온에서도 잘 견딘다.
- **물주기 :** 습기가 많은 환경을 싫어하므로 물을 줄 때는 화분 겉흙이 말랐는지 확인한 다음 충분히 주고, 물이 완전히 빠지기 전에는 화분받침에 옮겨서는 안 된다.
- **기타 :** 물이 잘 빠지는 석회질 토양에 적합하다.

캐모마일 *Chamaemelum nobile*

대부분 꿀풀과인 다른 허브들과 달리 국화과로, 꽃이 아름다워 화단을 장식하는 데 주로 이용되는 한해살이식물이다. 감기기운이나 두통이 있을 때, 또는 피로할 때 차로 마시면 효과가 있다. 오한을 동반하는 학질에도 약효가 있는데, 이집트인들은 이를 신성시하여 태양신에게 제물로 바쳤다고 한다. 고대 그리스인들은 이 식물에서 사과 향이 난다고 해 '작은 사과chamai meion'라고 불렀고 여기서 캐모마일Chamomile이라는 이름이 유래되었다.

- **빛과 온도 :** 빛을 좋아하는 식물로 직사광선이나 밝은 간접광선에서 잘 자란다. 추위에도 강해 노지에서도 겨울을 날 수 있다.
- **물주기 :** 화분 겉흙이 말랐을 때 물을 주고 과습하지 않도록 주의한다.
- **기타 :** 파종 · 꺾꽂이 · 포기나누기로 번식하며, 가끔 순을 잘라주면 곁가지를 많이 쳐서 꽃이 풍성하게 핀다. 5월 초순부터 11월 하순까지 수확하는데, 꽃은 파종 후 8주가 지나면 수확할 수 있다.

마음까지 시원해지는 물이 있는 용기정원

한여름 찌는 듯한 더위에 물속에서 자라는 녹색식물을 보면 마음까지 시원해진다. 투명한 유리 용기 안에서 햇빛에 반사되는 맑은 물의 일렁임, 물을 잔뜩 머금은 파피루스의 부챗살 같은 잎, 물칸나의 쭉쭉 뻗은 줄기와 손바닥 같은 잎은 보는 것만으로도 상쾌하다. 거기에 물 흐르는 소리까지 곁들여지면 마음은 어느새 숲속 나무그늘에 누운 듯 평화롭다. 마당이 없어 연못을 만들지 못하더라도 수생식물이나 습생식물을 용기에 재배하면서 같은 효과를 얻을 수 있다. 특히 투명한 유리 용기에 재배할 경우, 식물의 잎 · 꽃과 함께 좀처럼 보기 힘든 뿌리의 성장과 활력까지 지켜볼 수 있을 뿐만 아니라 덤으로 깔끔한 실내장식 효과까지 얻을 수 있다.

- 선택요령 : 수생 또는 습생 식물뿐만 아니라 뿌리가 잘 썩지 않는 식물, 화려한 꽃을 피우는 구근식물도 물에서 키울 수 있다.
- 빛 : 밝은 간접광선이 장시간 드는 곳이 좋다. 꽃이 피는 식물은 하루에 적어도 다섯 시간 이상 밝은 빛을 쪼여주어야 한다.
- 온도 : 실내 온도를 따뜻하게 유지한다.
- 습도 : 수생식물의 경우 공중 습도는 큰 문제가 되지 않는다. 공중 습도가 높으면 오히려 병을 불러올 수 있으므로 통풍이 잘되는 곳에 둔다.
- 물주기 : 물은 증류수나 지하수를 이용하고, 수돗물을 쓸 때는 물을 받아 2~3일 지난 다음에 넣는다. 특히 물고기를 같이 기르는 경우 수돗물의 염소 성분이 휘발될 시간을 주어야 한다.

물이 있는 용기정원 만들기

물에서 자라는 식물은 그 생육 조건에 따라 아래와 같이 구별된다. 이는 식물을 용기에 심을 때 흙과 물의 높이를 맞춰주는 기준이 된다.

- 침수식물 : 식물 전체가 물속에서 사는 식물로 쇠뜨기말, 붕어마름, 네지레모 등이 있다.
- 부엽식물 : 뿌리는 땅속에 뻗고 잎은 물 위에 떠서 사는 식물로 마름, 수련, 연꽃, 어리연꽃, 노랑어리연꽃, 물양귀비 등이 있다.
- 추수식물 : 뿌리와 줄기의 일부가 물에 잠겨 살지만 줄기, 잎, 꽃은 모두 물밖에 나와 있는 식물로 벗풀, 갈대, 물파초, 창포, 붓꽃, 삼백초 등이 있다.
- 습생식물 : 물이 얕게 흐르는 논밭이나 호숫가 등에 사는 식물로 부들, 갈대, 부처꽃, 동의나물, 노랑창포, 골풀, 종려방동사니, 황새풀, 백로사초, 숫잔대, 물칸나 등이 있다.
- 부수식물 : 뿌리까지 물에 떠서 사는 식물로 부레옥잠, 물상추, 통발, 개구리밥 등이 있다.

물이 있는 용기정원을 만들 때는 물칸나나 골풀과 같이 모양이 독특한 식물을 단독으로 심어 그 특징을 돋보이게 할 수도 있고, 생육 조건이 비슷한 여러 식물을 모아심어 아기자기한 미니정원의 느낌을 즐길 수도 있다.

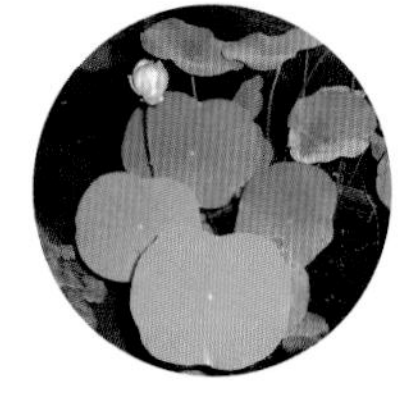

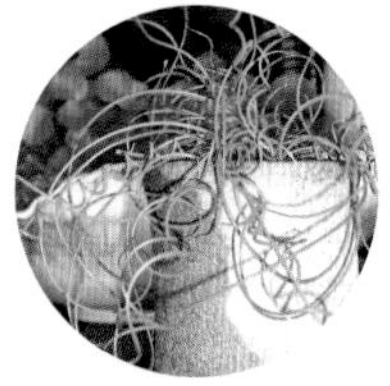

식물이 원래 어떤 곳에서 자라는지를 알면 적합한 생육 조건을 갖춰주는 데 도움이 된다. 왼쪽부터 부엽식물인 미니연과 수련, 습생식물인 골풀과 물칼라, 부수식물인 부레옥잠.

How To 물용기정원 만들기

1. 용기를 무거운 흙으로 반쯤 채운다. 수생식물 전용 흙을 구입하거나 만들어 쓴다. 일반 원예용 흙을 쓰면 물에 녹거나 뜨게 되므로, 모래와 점토가 반반 섞인 흙을 쓴다. 특히 미니연이나 수련은 점토에 심어야 한다. 고형비료를 약간 전체 흙의 5% 미만 섞는 것이 좋다.
2. 선택한 식물을 미리 생각해 둔 배치도에 따라 자리를 잡는다. 식물에 따라 흙의 깊이와 그 위의 수심이 달라져야 한다. 예를 들어 연꽃은 흙의 깊이는 얕게 수심은 깊게 해주는 게 좋다. 따라서 흙의 높낮이를 식물의 특성에 맞게 조절해 준다.
3. 흙에 식물을 심은 다음에는 그 위를 작은 자갈이나 굵은모래로 마무리한다.
4. 물을 넘치도록 부어 뜬 흙이나 잡티를 제거한다.
5. 용기 겉을 깨끗이 닦아 놓을 장소로 옮긴다.
6. 이렇게 만든 작은 용기들을 더 큰 용기에 넣어 미니 연못을 만들 때에도 식물의 특성에 맞는 높낮이를 맞춰주어야 한다. 침수식물은 바닥에 두어도 좋지만, 습생식물은 밑에 흙이나 자갈 또는 블럭 등으로 적당한 높이로 올려 물가와 같은 환경을 만들어주는 게 좋다.

7. 수면에 부수식물을 키우면 보기도 좋고, 수중의 유기물을 흡수해 정수도 되며, 표면에 떠서 빛을 가리기 때문에 이끼가 끼는 것도 예방할 수 있다.

Tip 특정한 목적에 어울리는 물재배용 식물

- 봄소식을 알리는 구근식물 : 수선화, 아마릴리스, 튤립, 히아신스, 무스카리 등.
- 꽃을 보는 수생 또는 습생 식물 : 애기연꽃, 수련, 물칸나, 부레옥잠, 안수리움 등.
- 잎을 보는 식물 : 아디안툼, 싱고늄, 스킨답서스, 파피루스, 칼라테아, 금천죽 등.

수경재배가 가능한 구근식물은 차가운 한겨울에도 따뜻한 봄소식을 전한다. 왼쪽부터 아마릴리스, 수선화, 무스카리.

물정원을 더 건강하게 관리하는 방법

본래 습생 또는 수생 식물은 특별히 관리를 해주지 않아도 잘 자란다. 뿌리가 물을 정화하기 때문에 물을 자주 갈아줄 필요도 없다. 하지만 구근류 등 본래 수생식물이 아닌 식물을 물이 있는 용기에 담아 기를 때에는 주 1회 정도 물을 갈아주고 묽게 희석한 액체비료를 공급해 주는 게 좋다. 물이 부패되는 것을 막기 위해 맥반석이나 숯을 넣기도 한다.

아름다운 꽃을 피우는 수생식물은 대부분 강한 빛을 좋아하기 때문에, 용기를 햇빛이 잘 들고 통풍이 잘되는 곳에 두어야 한다. 물이 채워진 용기는 일반 용기와 달리 같은 크기라도 훨씬 무거워 이동하기가 쉽지 않다. 따라서 처음부터 식물의 생육 조건에 맞는 장소를 택해 놓는 것이 좋다.

물이 있는 용기정원은 기본적으로 항상 어느 정도의 수분이 유지되기 때문에 물관리는 별로 중요하지 않을 것 같지만, 그래서 더 특별히 신경을 써야 한다.

믿거나 하고 있다가 물 보충해 줄 시기를 놓치는 경우가 종종 있기 때문이다.

뿌리를 물속의 흙에 내리고 잎과 꽃은 물 위에 떠 있는 부엽식물의 경우, 용기도 어느 정도 깊이가 있고 그 안에 물도 충분하기 때문에 물주기를 크게 염려할 필요가 없지만, 자연적인 증발로 인해 물이 줄어들면 적절하게 보충해 주어야 한다. 또 여름에 물용기를 밖에 내놓으면 수온이 올라가 식물이 해를 입을 수도 있으므로 관심을 갖고 지켜보아야 한다.

수생과 습생 식물은 모두 뿌리가 물에 잠긴 상태에서 잘 자라지만, 그렇기 때문에 물이 부족한 상태에서는 매우 약하다. 수생식물은 물에 잠긴 뿌리가 썩는 경우가 거의 없지만, 수질이 나빠지면 식물에 안 좋은 영향을 미칠 수 있다. 특히 비료를 한 번에 너무 많이 주면 수질이 나빠지는데, 이는 비료가 물에 빨리 녹기 때문이다. 따라서 비료를 줄 때는 적은 양을 자주 주는 것이 좋다. 물고기를 같이 기른다면 비료를 따로 줄 필요가 없다.

실내에 꾸민 물정원(왼쪽)과 실외 큰 돌용기에 담근 물용기정원.
물상추와 파피루스, 아이비를 띄엄띄엄 띄우고 물 뿜는 개구리를 함께 두어 시원함을 더했다.
실외의 돌용기는 옮기기 어려워 물양귀비를 플라스틱 용기에 심어 용기째 물속에 넣었다.

물용기정원에 알맞은 식물

물양귀비 *Hydrocleys nymphoides*

덩굴성 여러해살이풀로 4~5센티미터 크기의 작은 꽃이 핀다. 관리하기가 쉽고 앙증맞은 꽃이 시선을 모아 실내에서도 많이 기른다. 뿌리는 땅속에 뻗고 잎은 물 위에 떠서 사는 부엽식물이다.

- **빛과 온도 :** 빛이 잘 들고 따뜻한 곳에서 잘 자란다.
- **물주기 :** 물을 말리지만 않으면 별도로 관리할 필요가 없다.
- **기타 :** 겨울에는 얼지 않도록 실내로 들여와 서늘한 곳에 둔다.

금천죽 *Dracaena sanderana*

연필처럼 생긴 줄기 끝에서 뾰족한 녹색 잎이 나온다. 수경재배를 하거나 화분에 심어 키울 수 있는데, 관리를 거의 해주지 않아도 잘 자란다.

- **빛과 온도 :** 빛 적응범위가 아주 넓어 밝은 빛이나 그늘에서도 잘 자란다. 하지만 빛이 너무 강하면 잎이 누렇게 변할 수 있고, 빛이 부족하면 잎과 잎 사이가 넓어지고 줄기가 가늘어지기 쉽다. 20~25도에서 잘 자란다.
- **물주기 :** 습생식물이므로 화분에 심어 키울 때는 물을 자주 주고, 수경재배를 할 때는 물을 수시로 갈아줄 필요 없이 증발한 만큼만 보충한다. 공중 습도는 별도로 관리할 필요 없이 평균 실내 습도35~65%면 된다.
- **기타 :** 수경재배를 할 때는 작은 물고기를 함께 기를 수도 있는데, 이때 물고기에게 해로운 비료를 주어서는 안 된다. 물고기의 분비물이 식물에게 비료 역할을 할 수 있으니 별도로 영양을 공급하지 않아도 된다.

파피루스 *Cyperus alternifolius*

긴 줄기 끝에 옥수수수염처럼 길고 가는 잎이 시원한 느낌을 주는 습생식물이다. 긴 잎 끝에 흐린 황갈색 꽃이 핀다.

- **빛과 온도 :** 밝은 빛을 좋아하지만 직사광선은 피하고 여름에는 망사커튼 등으로 빛을 걸러주는 게 좋다. 남향이나 서향 창가에서 기르기 적합한 식물이다. 온도 적응범위가 넓어 따뜻한 곳이나 서늘한 곳에서 두루 키울 수 있으나 겨울에는 조금 서늘한 곳이 좋다. 여러해살이식물이지만 10도 이하가 되면 견디지 못하므로 겨울에는 반드시 실내로 들여와야 한다.
- **물주기 :** 습생식물이므로 아예 물속에서 키우거나, 화분에 심어 키울 경우에는 물을 자주 주어 습지 환경을 만들어준다.
- **기타 :** 흙에 심었을 경우에는 매년 봄 분을 갈아주고, 누렇게 변한 잎은 수시로 잘라주어야 충실한 잎이 새로 나온다.

부레옥잠 *Eichhornia crassipes*

부수식물로 여름에 연보라색 꽃이 핀다. 물을 맑게 해주는 정수식물로 알려져 오염지역에 실험적으로 많이 심고 있다.

- **빛과 온도 :** 늪이나 논에서 잘 자라는 식물로, 쉽게 키울 수 있지만 빛이 잘 드는 곳에서 키워야 예쁜 꽃을 볼 수 있다. 더운 여름에도 잘 견디지만 저온에는 약하다.
- **물주기 :** 수경재배할 때에는 특별히 신경쓸 것 없이 물이 증발하면 보충해 준다. 화분에 심은 경우에는 늘 물에 젖어 있도록 충분히 준다.
- **기타 :** 꽃이 핀 후 며칠 못 가서 시들어버리므로 시든 꽃은 바로바로 잘라준다. 그외 관리에 특별히 신경쓸 필요가 없는 식물이다.

수련 *Nymphaea* spp.

수련은 100여 개의 품종이 있어 꽃의 색과 모양은 물론 잎의 형태도 무척 다양하다. 수중 바닥의 진흙 속에 굵은 줄기가 있으며, 그 끝에서 잎이 다발로 나온다. 연꽃보다 크기가 작고 둥근 잎이 갈라진 것이 특징이다. 잎은 물에 떠 있기도 하고부엽 물속에 있기도 하지만침수엽 가을이 되어 부엽이 말라버리면 침수엽만 남는다. 꽃은 피어 물 표면에 떠 있으며 며칠 동안 피고 지기를 반복한 후 물속으로 사라진다.

- **빛과 온도 :** 하루에 다섯 시간 이상 밝은 빛을 받아야 꽃이 잘 피고, 고온에 잘 견딘다.
- **물주기 :** 뿌리가 물속에 잠겨 사는 부엽식물이므로 물을 말리면 안 된다.
- **기타 :** 야외에서 기르던 것이라도 겨울에는 실내로 들여와 서늘한 곳에 둔다.

미니연 *Nelumbo*

일반적인 연꽃보다 작아 용기에 심어 재배하기에 알맞다. 옹기에 심어 키우면 고전적인 아름다움이 묻어나며 더욱 멋스럽다. 뿌리는 물속 흙에 내리고 줄기가 수면으로 올라와 잎이 수면에 뜨기도 하고 공중에서 한들거리기도 한다. 여러해살이 부엽식물로 한여름에 꽃이 핀다.

- **빛과 온도 :** 양지바른 곳을 좋아한다. 수주일 동안 27도 이상의 온도가 유지되어야 꽃이 핀다. 10~30도에서 잘 자라지만, 야외에서도 겨울을 날 수 있다.
- **물주기 :** 양분이 많은 점토를 넣은 화분에 심어 물속에서 키운다.
- **기타 :** 용기에 심어 야외에서 재배한 경우 겨울을 날 때 물이 얼어 용기가 깨질 염려가 있으므로 실내 서늘한 곳으로 옮기거나 용기를 땅에 묻는 게 좋다.

물칼라 *Zantedeschia aethiopica*

늪지대에 자생하는 습생식물로, 따뜻한 지역에서는 상록성 다년초다. 반짝이는 밝은 녹색 잎이 40센티미터 정도 자라고, 순백색의 불염포가 25센티미터나 되는 육수화서꽃대의 주위에 꽃자루가 없는 수많은 잔꽃이 모여 피는 꽃차례를 가진 웅장한 식물이다. 넓은 공간에서 그 아름다운 위용이 더욱 돋보인다. 야트막하고 모양이 좋은 용기에 점질粘質이 높은 흙을 깔고 심어 기른다.

- **빛과 온도 :** 하루종일 빛이 드는 곳에 둔다. 수온이 10도 이하로 떨어지면 빛이 잘 드는 따뜻한 실내로 옮겨 기르는 게 좋다. 온도가 너무 높으면 뿌리가 썩을 수 있다.
- **물주기 :** 습생식물로 물속에서, 또는 배수구가 없는 화분에 심어 기를 수 있다. 화분에 심은 경우에는 화분에 깐 흙이 마르지 않도록 수시로 물을 준다.
- **기타 :** 연못 주변에 심는 것이 좋다. 연못 속에서 기를 때는 지름이 30센티미터 정도 되는 용기에 심어 물높이가 30센티미터 이하인 곳에 둔다.

물칸나 *Thalia dealbata*

잎이 칸나처럼 생겼다고 해서 '물칸나'라고 부르지만 칸나와는 거리가 먼 여러해살이 습생식물이다. 가늘고 긴 잎자루에 끝이 뾰족한 타원형의 두껍고 매끈한 잎이 매력적이다. 아름다운 잎에 비해 여름에 피는 보라색 꽃은 좀 빈약한 편이다.

- **빛과 온도 :** 빛을 좋아하는 식물로 직사광선에서 잘 자라지만 밝은 간접광선에서도 무리없이 자란다. 16~30도에서 잘 자라고, 견딜 수 있는 최저 온도가 10도이므로 겨울에는 실내에서 기른다.
- **물주기 :** 용기에 심어 물에 15센티미터까지는 잠기게 할 수 있으나 물높이가 그 이상 되면 잘 자라지 못한다.
- **기타 :** 지저분한 아랫잎과 꽃대는 바로바로 잘라준다.

오순도순 정겨운 우리 가족의 축소판, 접시정원

집 안이 넓지 않은 경우에는 좁은 공간에서도 정원의 느낌을 줄 수 있는 접시정원을 이용하는 게 좋다. 높이가 낮고 널찍한 접시나 쟁반 모양의 납작한 용기에 여러 가지 식물을 모아심어 미니정원 느낌을 실내에 도입하는 방법이다.

접시정원은 관엽식물로 꾸미는 열대우림형 접시정원, 선인장이나 다육식물로 꾸미는 사막형 접시정원, 이끼와 작은 돌들을 이용한 이끼정원 등 다양한 형태로 만들어 각각의 이국적인 느낌을 즐길 수 있다. 또 각자의 취향에 따라 식물의 조합을 얼마든지 바꿀 수 있어, 개성 만점의 실내장식물로도 그만이다. 다만 모아심는 식물들의 생태적인 특성을 잘 파악해서 빛이나 물 요구도가 비슷한 것끼리 조합해야 관리가 수월하고 식물도 건강하게 자란다.

- 선택요령 : 용기가 얕으므로 뿌리가 깊이 자라지 않는 식물을 선택한다. 생태적 특성이 비슷한 식물을 함께 심어야 관리하기가 쉽다.
- 빛 : 사막형은 아주 밝은 빛이 오랜 시간 드는 곳이어야 하고, 열대우림형은 부드러운 간접광선이 드는 곳이 좋다.
- 온도 : 낮에는 따뜻하고 밤에는 서늘한 공간에서 잘 자란다.
- 습도 : 사막형은 열대우림형보다 건조하게 유지해 주어야 한다.
- 물주기 : 이끼정원과 열대우림형 접시정원은 늘 물을 충분히 주어야 한다. 반면 사막형 접시정원은 물을 너무 안 주어서라기보다 너무 많이 주어서 실패하는 경우가 많다. 특히 겨울에는 물 주는 횟수와 양을 줄여야 한다.

개성이 넘치는 접시정원 만들기

야트막한 용기에 여러 가지 식물을 모아심어 좁은 실내에서 그야말로 '미니정원'의 아기자기함을 즐길 수 있는 접시정원은 특히 생육 조건이 비슷한 식물끼리 심는 게 중요하다. 그 특성에 따라 접시정원에 알맞은 식물을 크게 나누면 다음 세 종류로 구분할 수 있다.

- 이끼정원 : 세엽할미이끼, 표주박이끼, 모래이끼, 황고사리를 비롯한 기타 이끼류.
- 사막형 접시정원 : 너무 크지 않은 선인장과 다육식물.
- 열대우림형 접시정원 : 작은 테이블야자, 드라세나같이 키가 웬만큼 큰 나무와 피토니아나 페페로미아 등 낮게 퍼지며 자라는 식물을 같이 심는다.

접시정원을 만들 때는 생육 조건이 비슷한 식물을 모아심어야 관리하기도 좋고, 무엇보다 식물이 잘 자란다. 왼쪽부터 이끼를 활용한 이끼정원, 간단하게 선인장과 용설란으로 연출한 사막형 접시정원, 키 큰 테이블야자와 옆으로 퍼지며 자라는 식물들을 함께 심은 열대우림형 접시정원.

또 접시정원에 알맞은 식물을 심었을 때의 이미지에 따라 분류하면 다음과 같다. 이런 외형상의 특성을 알고 미리 디자인하면 좀더 아름답고 개성 넘치는 접시정원을 만들 수 있다.

• 큰 나무 모양 : 테이블야자, 드라세나, 자금우, 백금랑 등.
• 작은 나무 모양 : 줄사철, 백정화, 페페로미아, 아스파라거스, 아디안툼 등.
• 흙을 덮는 식물 : 이끼, 수태, 셀라기넬라 등.
• 꽃 : 꽃베고니아, 아프리카봉선화, 안수리움 등.

바위나 산 등의 경관을 연출할 때는 돌이나 자갈 외에도 다양한 소품을 활용하면 된다. 용기도 유리, 도자기, 옹기, 플라스틱, 금속 소재 등 다양하게 활용할 수 있다. 다만 널찍하면서 깊이가 너무 깊지 않은 것이어야 한다. 대형 수반, 항아리 뚜껑 등을 이용해 우리집만의 독특한 멋을 연출해 보자.

How To 접시정원 만들기

1. 자신이 원하는 접시정원의 콘셉트에 따라 모아심을 식물과 용기를 정하고 배치도를 구상한다.
2. 용기 바닥에 자갈과 마사토를 깔아 배수층을 만들고, 그 위에 배양토를 얹는다.
3. 미리 생각해 둔 배치도에 따라 식물을 놓는다. 주가 되는 식물예를 들어 큰 식물을 우선 배치하고, 비중이 작은 식물을 차례로 놓으면서 부재료를 첨가해 모양을 만든다. 용기 전체를 식물로 가득 채우지 말고 3분의 2 정도만 심어 여백을 남기는 게 좋다. 배양토 면은 평평하게 하는 것보다 약간 높낮이를 주고, 심은 식물의 전체적인 라인은 부등변 삼각형을 이루는 게 자연스럽다.
4. 배양토 표면에 이끼를 덮거나 자갈을 얹어 마무리한다.
5. 용기에 물을 주고 식물에 분무해서 하루나 이틀 정도 안정시킨 후 공간을 정해 옮겨준다. 사막형은 볕이 잘 드는 곳에 두어야 하지만 열대우림형은 직사광선이 드는 곳은 피하는 게 좋다.

접시정원을 만들 때는 미리 식물 배치를 생각해 두는 게 좋다. 2번처럼 배양토를 깐 다음, 구상에 따라 식물을 우선 앉혀본 후, 중심이 되는 식물부터 하나씩 밖으로 심어나가면 자기 색깔이 물씬 풍기는 접시정원이 완성된다.

접시정원을 더 오래 즐기는 방법

항아리 뚜껑이나 큰 수반 등 접시정원에 사용되는 용기는 배수구가 따로 없는 경우가 많다. 따라서 물을 자주 주지 않는 게 좋다. 사막형 접시정원은 한 달에 한 번 정도면 족하고, 열대우림형도 용기의 겉흙이 말랐을 때 너무 과하지 않게 주어야 한다.

이끼정원과 열대우림형 접시정원은 배수구가 없는 야트막한 용기에 심어 수분이 늘 유지되도록 관리한다. 하지만 열대우림형의 경우 지나치게 습해질 우려가 있으므로, 처음 만들 때 겉흙 위에 이끼를 깔아 이끼색의 변화로 수분 상태를 점검하는 것이 좋다. 즉, 물이 충분할 때는 이끼색이 진하지만 건조해지면 색이 점점 밝아진다. 이때 물을 주면 된다.

공중 습도가 낮아지지 않도록 관리하는 것이 이끼 및 열대우림형 접시정원을 오래 즐기는 요령이다. 그러나 사막형 접시정원은 습하게 관리하면 오히려 문제가 발생한다. 같이 모아심은 식물 중에서 건조해서 생기는 문제 말고 다른 이상증상이 나타나면 바로 제거하고 한동안 물을 주지 않은 채 상황을 지켜보는 게 좋다.

접시정원은 기호에 맞게 다양한 식물로 꾸밀 수 있다. 용기 또한 취향에 맞게 선택하면 된다. 접시정원용 용기는 대부분 배수구가 따로 없기 때문에 물관리에 특히 유의해야 한다. 물을 많이 필요로 할 것 같은 열대우림형도 용기 겉흙이 말랐을 때 넘치지 않을 정도만 주는 게 좋다.

실내에 만드는 작은 온실, 테라리움

식물 기르는 재주가 없어서 어쩌다 선물받은 화분까지 족족 죽이게 된다고? 그래서 식물을 인테리어에 활용하기는커녕 집 안에 들이기도 겁난다고? 그렇다면 테라리움이 해결책이다.

밀폐된 유리그릇이나 입구가 좁은 유리병 안에 작은 식물을 재배하는 테라리움terrarium은 원래 뱃사람들이 발견한 식물재배법이다. 우연히 빈 물병에 흙이 들어가 거기서 식물이 자라는 것을 보고는, 장거리 항해시 그리운 고향을 추억하기 위해 고향의 흙과 식물을 함께 담아 배에 둔 데서 비롯된 것이다. 빅토리아시대에 영국 가정에서 실내장식용으로 크게 유행한 테라리움은 한때 우리나라에서도 큰 사랑을 받았다.

아래는 컵을 뉘어놓은 듯한 유리용기에 모래흙을 채우고 옆으로 퍼지며 자라는 식물을 심었다. 오른쪽은 좀 큰 유리컵에 안수리움을 심은 것이다. 둘 다 한 면이 트여 있어 테라리움의 물순환 효과는 기대하기 어렵지만 살아 있는 정원 한 조각을 '선물받은' 느낌은 참 특별하다.

유리 용기 안에 적당한 식물을 심어놓기만 하면 특별히 관리하지 않아도 잘 자라고 장식적으로도 효과가 크다. 식물을 심고 뚜껑을 닫으면 용기 안은 작은 열대우림과 같은 환경이 된다. 흙에서 물이 증발해 유리벽 또는 천장에 맺혀 있다가 비가 오듯이 다시 흙으로 떨어지기를 반복하면서 식물을 키워내는 것이다. 테라리움은 적합한 용기와 식물 선택에만 주의하면 '실패하기도 어려운' 재배법이라고 할 수 있다.

어떤 용기가 좋을까?

모양이나 크기에 상관없이 투명한 유리나 플라스틱 용기면 족하다. 용기에 색이나 요철이 있으면 빛 투과가 정상적이지 못해 식물이 잘 자라지 못할 뿐만 아니라 테라리움 내부의 아름다움을 감상하는 데도 방해가 되므로 투명하고 깨끗한 용기를 쓰는 것이 좋다.

전통적으로는 입구가 좁은 병을 주로 사용하였으나 근래에는 다양한 형태의 유리그릇을 활용하고 있으며, 한 면이 완전히 열려 있는 것을 쓰기도 한다.

어떤 식물을 심을까?

테라리움 안은 열대우림과 같은 환경이다. 빛은 유리와 물방울에 여과되어 부드럽고 온도와 습도가 높으므로 이러한 환경에 맞는 식물을 심어야 한다. 가끔 테라리움에 선인장이 심겨진 것을 보게 되는데, 이는 좋은 선택이 아니다. 선인장은 고온을 좋아하지만 습한 환경에서는 견디지 못하므로, 어느 정도 시간이 지나면 썩기 시작해 다른 식물에까지 피해를 준다.

고사리류, 필리오니아, 아프리카제비꽃, 피토니아, 팔손이작은 것, 페페로미아, 디펜바키아, 드라세나, 야자류, 필리아, 칼라듐, 마란타 등이 고온다습한 환경을 좋아한다.

1. 식물의 배치를 미리 구상한다. 꽃꽂이하듯이 중심축을 먼저 정하고, 높낮이와 식물 간의 색과 질감의 조화를 고려한다. 테라리움을 모든 방향에서 감상하려면 식물을 심을 때 중앙에 큰 식물을 놓고 가장자리로 갈수록 작은 식물을 배치한다. 한쪽에서만 보고자 할 때는 큰 식물을 뒤에 둔다.
2. 바닥에 자갈이나 숯을 깔아 배수층을 만들고 마사토를 깐다.
3. 테라리움에 심을 식물의 뿌리에 묻은 흙을 적당히 털어낸다.
4. 미리 생각해 둔 대로 식물을 배치하면서 버미큘라이트를 채운다.
5. 식물로만 전부 채우지 말고 적당히 빈 공간돌 등으로 장식도 두어 정원 느낌이 나도록 한다.
6. 직사광선이 들지 않는 밝은 곳에 둔다.
7. 흙이 마르기 시작할 때 흙이 젖을 정도로만 물을 흩뿌린다. 테라리움 내부의 벽을 마른 수태로 둘러 물주기의 표식으로 삼는 것도 좋은 방법이다. 즉, 물이 충분할 때는 수태의 색이 진하고 부족할 때는 수태가 마르면서 색이 밝아져 '물 줄 때'임을 알리는 것이다. 요즈음에는 색모래 등으로 장식하는 경우가 많은데, 이때에는 흙의 수분 상태에 더 주의해야 한다.

미니 카틀레야와 마스데발리아를 유리 용기 안에 모아심었다. 테라리움에 심는 꽃식물은 화기가 오래가되 키는 많이 자라지 않고 고온다습한 환경을 좋아하는 종류를 선택해야 한다.

접시정원에 알맞은 식물

선인장

선인장은 세계적으로 그 종류가 5천여 종에 달한다고 한다. 그중에는 게발선인장이나 공작선인장같이 화려한 꽃이 피는 것도 있지만, 대부분 물을 저장하고 있는 부분이 다양한 형태를 보이기 때문에 꽃보다 변형된 줄기가 더 매력적이다. 사막에 자생하는 선인장은 증산 면적을 줄이기 위해 잎이 변형된 가시를 가지고 있는데, 이 날카로운 가시가 동물로부터 식물개체를 보호하기도 한다.

선인장류를 접시정원에 활용할 때는 기둥 모양과 둥근 모양 한두 종류를 주로 사용하는데, 기둥 모양의 선인장류를 사용하면 애리조나 사막의 나무같이 큰 선인장이 연상되고, 그 밑에 자잘한 선인장이나 다육식물을 곁들이면 멋있는 사막 풍경이 연출된다.

선인장은 햇빛을 좋아하고 뜨거운 직사광선에서도 잘 자라지만 습한 환경을 싫어한다. 지나치게 물을 많이 주거나 긴 장마가 계속될 때는 연부병에 걸려 몸통 전체가 폴싹 물러버리기도 한다. 따라서 물빠짐이 잘되도록 모래가 많이 들어간 배양토를 쓰고, 식물의 상태를 봐가면서 봄가을에는 2주에 한 번, 더운 여름에는 7~10일에 한 번, 겨울에는 한 달에 한 번 정도 물을 주고 환기를 자주 해준다. 선인장이 죽지는 않았어도 몸통이 쭈글쭈글해지면 물이 부족하다는 신호이니 바로 물을 줘야 하는데, 겨울철에는 찬물을 갑자기 주지 말고 물을 실온에 놓아두어 어느 정도 더워지면 준다. 여름철 볕이 뜨거운 서향 창가에서 잘 자란다.

다육식물

다육식물은 사막 등 건조한 지역에서 자신의 줄기나 잎에 수분을 저장했다가 이를 이용해 살아가는 식물이다. 다육식물은 선인장보다 더 종류가 많고 앙증맞게 작은 것이 많아 선택할 때 무엇을 고를까 고민하게 된다. 우리나라에서 쉽게 구할 수 있는 다육식물로는 알로에, 칼랑코에, 용설란, 크라슐라, 에케베리아, 세덤 등이 있다.

다육식물은 물주기와 통풍에만 주의하면 누구나 쉽게 키울 수 있는데, 절대 습하지 않게 관리하고 자주 환기시켜 주는 게 포인트다. 특히 장마철의 높은 공중 습도에 주의해야 한다. 또 햇빛이 강한 곳에서 잘 자라는 식물이므로 발코니나 창가에 두면 좋다.

아래 사진의 접시정원은 가로 22센티미터, 세로 10센티미터, 깊이 5센티미터밖에 안 되는 작은 용기지만 선인장과 다육식물 다섯 종과 돌을 적절하게 배치해 큰 바위 속에 식물들이 자리를 잡고 있는 형태로 연출했다. 뒤 왼쪽에서부터 시계방향으로 선인장, 에케베리아, 세덤, 가스테리아, 하오르티아 십이지권.

테이블야자 *Chamaedorea elegans*

멕시코, 과테말라가 원산지인 테이블야자는 그 모양이 우아하고 식물체가 작아서 접시 정원에 많이 이용되고 있다. 깃털처럼 생긴 잎이 아치형으로 자란다. 잎이 아름다우나 꽃은 별 모양이 없고 열매는 노란색과 검은색을 띤다.

- **빛과 온도 :** 간접광선이나 그늘진 곳에서 잘 자란다. 직사광선을 피하고 따뜻한 곳에서 키우는 게 좋다. 10도까지 견디지만 저온에 약하다.
- **물주기 :** 항상 습하게 유지한다. 건조에 약하므로 물을 많이 필요로 하는 여름철에는 특히 물주기를 부지런히 해야 한다.
- **기타 :** 햇빛을 지나치게 많이 받으면 잎이 누렇게 변하다. 식물이 약해지면 깍지벌레나 응애 등 해충이 많이 낀다.

호야 *Hoya carnosa*

꽃이 피는 덩굴식물이지만 꽃보다 주로 잎을 관상하고, 걸이용 화분이나 접시정원에 많이 이용한다. 꽃은 흰색으로 중심부는 분홍색을 띤다.

- **빛과 온도 :** 간접광선에서 잘 자라므로 직사광선은 피하는 게 좋다. 온도 적응범위는 넓은 편으로 따뜻한 곳이나 서늘한 곳에서 모두 잘 자란다. 5도까지 견딘다.
- **물주기 :** 생장기에는 규칙적으로 화분 겉흙이 마르면 물을 주고 나머지 기간에는 흙을 건조하게 유지한다.
- **기타 :** 볕을 하루 열두 시간 이상, 한 달 이상 받으면 꽃봉오리가 형성된다. 꽃이 진 후에는 가지를 잘라주고 겨울철에는 15도 정도의 온도에서 건조하게 유지한다. 식물이 약해지면 깍지벌레나 응애류의 침입을 받을 수 있다.

히포에스테스 *Hypoestes phyllostachya*

녹색의 얇은 잎 전체에 고르게 퍼져 있는 붉은색, 분홍색, 흰색 점무늬가 아름다운 쥐꼬리망초과 식물이다. 잎이 작지만 물감을 뿌려놓은 듯한 형태와 식물 전체가 자그마하기 때문에 접시정원의 부재로 많이 이용된다.

- **빛과 온도 :** 직사광선을 싫어하지만 잎의 반점은 밝은 빛을 많이 받을 때 뚜렷해진다. 반그늘이나 망사커튼 등을 통해 들어오는 밝은 간접광선에서 생육과 잎의 모양이 좋아진다.
- **물주기 :** 흙의 물이 마르지 않도록 주기적으로 물을 준다. 잎이 얇기 때문에 건조에 약해, 건조한 환경에서는 잎 가장자리가 갈색으로 변한다. 공중 습도를 60퍼센트 이상 유지해 주어야 한다. 그러나 과습은 뿌리를 상하게 할 수 있다. 생장기인 여름 동안은 물을 두 번 줄 때 한 번 정도는 묽게 탄 액비를 뿌려준다.
- **기타 :** 식물이 쉽게 자라기 때문에 키가 훌쩍 커 접시정원 전체의 모양을 보기 싫게 만들기 쉬우므로 식물의 끝부분을 잘라주어摘芯 나지막하고 다보록하게 자라도록 한다.

드라세나 수르쿨로사 *Dracaena surculosa,* Gold Dust Dracaena

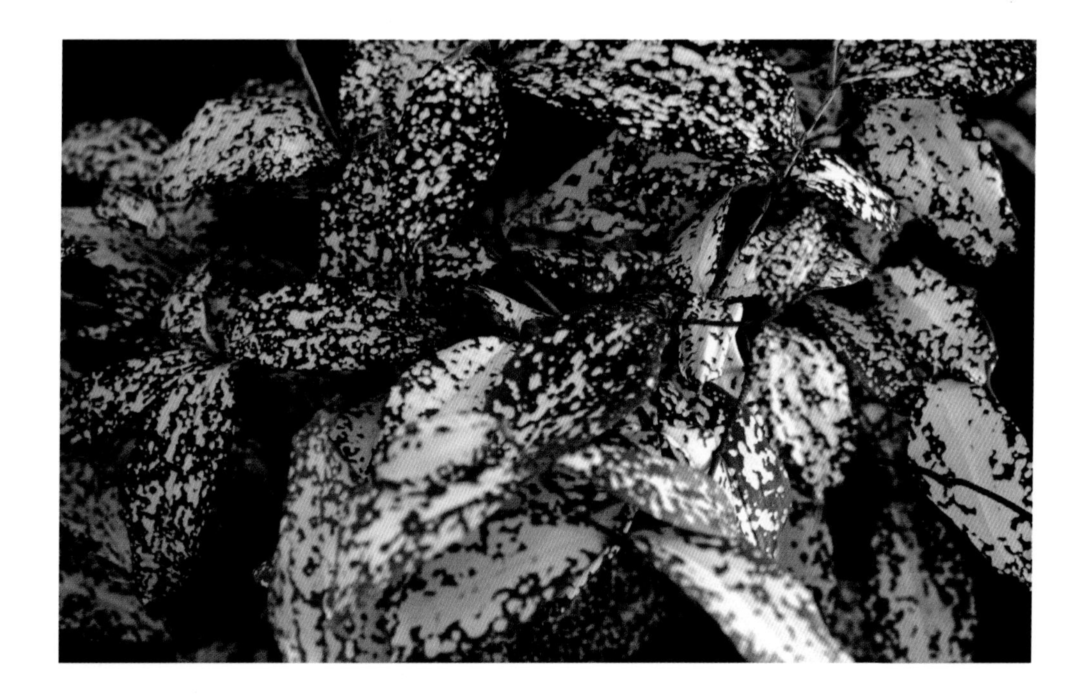

드라세나의 종류는 무척 다양해 크게 직립형으로 자라는 것, 개운죽같이 줄기가 유연한 것 등이 있다. 드라세나 수르쿨로사는 다른 드라세나와 달리 초본성으로, 줄기는 매우 얇고 가늘며 잎은 타원형으로 녹색 바탕에 흰 점이 있다. 직립형 드라세나와 달리 납작하게 자라고 줄기가 유연하기 때문에 접시정원에 많이 이용된다.

- **빛과 온도 :** 직사광선을 싫어하며 간접광선이나 반음지에서 자란다. 잎의 반점 때문에 다른 드라세나보다 밝은 곳에서 키워야 반점이 뚜렷해진다. 일반 가정의 실온에서 잘 자라지만 너무 건조한 곳에서는 잎 가장자리가 말라버리기 때문에, 공중 습도를 적어도 30~65퍼센트로 유지해 주어야 한다.
- **물주기 :** 건조한 곳보다 습한 환경에서 잘 자라지만 뿌리가 늘 젖어 있지 않도록 일정한 간격으로 물을 준다. 특히 빛이 부족한 곳에서 과습하게 되면 치명적이다. 겨울철에는 너무 덥지 않은 곳에서 여름보다 건조하게 자라도록 한다.
- **기타 :** 온도가 낮으면 잎이 말리면서 아래로 처진다. 또 공중 습도가 낮으면 잎끝이 갈색으로 변해 보기 싫어지므로 가위로 잘라내면서 잎 모양을 잡는다. 건조가 심하지 않으면 이 조치가 효과가 있지만, 건조가 더 오래 지속되면 결국 잎이 전체적으로 갈변하기 때문에 제거해 주는 게 현명하다.

좁은 공간 활용의 미학, 창가걸이와 공중걸이

실내에 꾸미는 용기정원이 우리 가족만을 위한 자연공간이라면, 긴 상자형 용기에 제철 꽃을 듬뿍 심어 창가에 내놓는 창가걸이 용기정원은 이웃에게 선사하는 자연공간이다. 특히 도시의 삭막한 시멘트 건물에서 간혹 창가에 내놓은 아름다운 화분을 만나게 되면 절로 미소가 번진다.
창 안팎을 장식하는 창가걸이나 실내의 벽이나 공중에 매다는 공중걸이 용기정원은 특히 정원을 만들 공간이 아예 없는 도시 가정에서 선택할 수 있는 훌륭한 정원형식이다. 이 용도로는 공간의 특성에 맞게 덩굴성이나 반덩굴성 등 잎이 길게 늘어지는 식물이 적합하다.

- 선택요령 : 건조에 강한 것이 좋다. 특히 창밖에 둘 것이라면 바람과 강한 햇볕에 견딜 수 있는 식물이라야 한다. 창가걸이는 색이 선명한 꽃이 풍성하게 계속 피어 올라오는 것이 좋고, 실내 공중걸이는 꽃이 오래 피거나 잎이 아름다워 공중에 꽃다발을 걸어놓은 듯한 느낌을 주는 식물이 좋다.
- 빛 : 이들 식물은 대개 빛을 좋아해 밝은 간접광선이 충분한 곳에서 잘 자란다.
- 온도 : 웬만한 가정의 실내 온도 정도라면 무난하다. 그러나 발코니는 여름에는 너무 덥고 겨울에는 너무 추워 식물이 해를 입을 수 있다.
- 습도 : 식물군에 따라 습도에 대한 반응이 다르지만, 대체로 겨울에는 실내 습도가 낮아지기 쉬우므로 잎이 늘어지는 것 같으면 우선 흙의 습도를 점검하고, 필요하다면 물을 분무해 공중 습도를 높여준다.
- 물주기 : 공중에 걸려 있으므로 수분이 쉽게 증발한다. 주기적으로 물을 주되, 과습하지 않도록 유의한다.

우리집의 환한 표정, 창가걸이 용기정원

창가걸이용 식물로는 선명한 색의 꽃이 흐드러지게 피는 꽃식물이 적합하다. 창가걸이에 꽃을 배치할 때는 다음 사항을 고려하자.

첫째, 여러 가지 꽃을 섞는 것보다 한 종류의 꽃을 심는 것이 안정적이고 더 화려하다. 창가걸이는 특히 멀리서 보게 되는 경우가 많으므로 아름다운 꽃을 여러 가지 모아심어도 개개의 아름다움이 식별되지 않는다. 따라서 같은 종류를 듬뿍 심어 풍성함을 즐기는 게 낫다. 다만 여러 가지를 모아심어도 색이 조화를 이루면 독특한 꽃방석을 연출할 수 있다.

둘째, 식물이 자라는 성질을 고려해 심는다. 제라늄, 피튜니아 등 대부분의 화초가 빛을 향해 뻗는 성질이 있어 바깥쪽을 향하게 된다. 그래서 밖에서 보기에는 화려하지만 실내에서 보기에는 민망한 경우가 많다. 창가걸이 용기정원

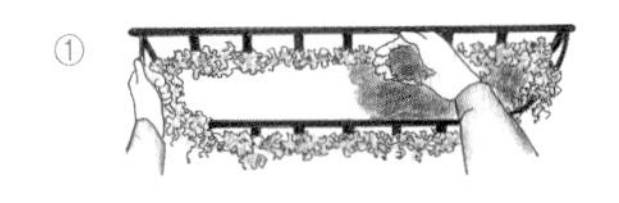

의 화려함을 실내에서도 즐기고 싶다면 팬지, 베고니아, 매리골드 등 전체적으로 둥글게 자라는 식물을 심는 게 좋다.

또 남향의 창가는 여름철에 직사광선이 강하게 내리쬐므로 반드시 양지식물을 심어야 한다. 반음지식물인 꽃베고니아나 아프리카봉선화 등은 남향의 창가는 피하는 게 좋다. 이들은 창 안쪽으로 들여서 키가 큰 고무나무나 야자류 등을 창가 쪽에 배치하고 그 앞에 심어 햇볕이 차단되도록 배치해야 한다.

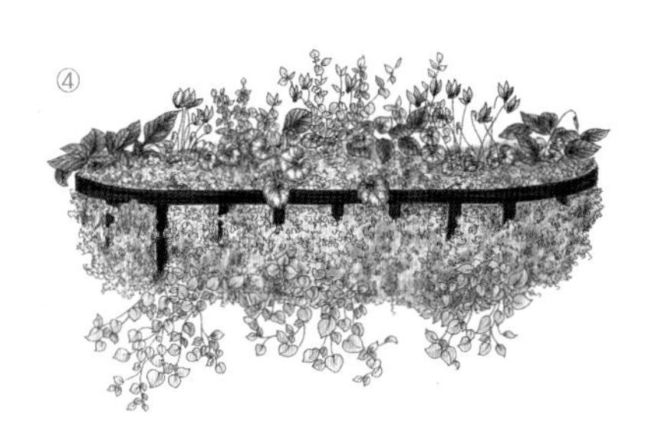

〈창가걸이 용기정원 만들기〉

① 창가걸이용으로 적합한 용기를 선택해 안쪽을 수태로 한 바퀴 돌린다. 물의 지나친 증발을 막기 위해, 그 안에 비닐을 댄 후 가벼운 배양토를 넣는다. 이때 비닐에 적당히 구멍을 뚫어 물이 배양토에 너무 오래 머물지 않도록 한다.
② 식물을 심을 때 옆으로 튀어나오는 식물을 먼저 심는다. 뿌리나 잎이 상하지 않도록 신문지 등으로 싸서 구멍을 통과시킨다.
③ 나머지 식물을 배치도에 따라 심은 후 이끼나 바크로 마무리하고 물을 충분히 준다.
④ 완성된 용기를 바로 직사광선에 노출시키지 말고 반그늘에 며칠 두었다가 옮긴다.

창가걸이 용기정원의 여름 관리와 비료주기

여름철 창가는 내리쬐는 햇볕과 바람 때문에 가장 뜨겁고 건조한 공간이다. 그래서 지속적으로 물을 공급해 주는 데 각별히 신경을 써야 한다. 아직 어린 식물은 아침에 한 번, 다 자란 식물이면 하루에 두 번씩 물을 챙겨주는 게 좋다. 비가 오면 창밖에 둔 창가걸이에는 물을 주지 않아도 된다고 생각하기 쉽지만, 지붕이나 차양 때문에 비를 맞지 못하는 경우도 많으므로 확인해 봐야 한다.

일년생 초화는 대개 한 번 꽃이 피고 진 다음 죽지만, 꽃이 지자마자 꽃대를 잘라주면 새로운 꽃대가 계속 올라오는 식물도 있다. 일일초, 제라늄, 데이지류, 매리골드, 사피니아, 한련화 등은 제때 꽃을 따주고 비료를 잘 공급해 주면 상당히 오랫동안 꽃을 볼 수 있다.

비료는 식물을 용기에 아주 옮겨심은 다음 한 달 정도 지나 뿌리가 활착되고 스스로 자라기 시작할 때 하이포넥스 등의 액비나 고형의 완효성 비료를 흙에 뿌려주면 된다. 하지만 창가걸이는 매일 물을 주어야 하기 때문에 액비보다는 완효성 비료를 직접 뿌려주는 게 더 효과적이다.

눈길 닿는 곳마다 정원, 공중걸이

덩굴식물 등 아래로 늘어지며 자라는 식물을 가벼운 용기에 심어 높은 곳에 매달아두면 좁은 공간에서도 녹색의 싱그러움과 각양각색 꽃들의 아름다움을 감상할 수 있을 뿐만 아니라, 빛을 차단하거나 공간을 분할하는 등 실내장식 효과도 기대할 수 있다.

공중걸이 용기정원은 집 안팎 어디에나 설치할 수 있다. 대문이나 현관 밖 등 실외 공간에 걸어 단조로운 벽을 장식할 수도 있고, 발코니에 모아놓은 다른 화분들과 함께 무성한 식물원 분위기를 낼 수도 있으며, 실내의 좁은 공간을 아름답게 장식할 수도 있다. 빛이 좋은 곳에는 덩굴성 제라늄, 피튜니아, 아프리카봉선화 등 화려한 꽃이 계속 피는 식물을 공중걸이 용기에 심어 화려하게 장식할 수 있고, 빛이 충분하지 못한 경우에는 잎이 아름다운 덩굴성 관엽식물을

심어 공간을 싱그러움으로 물들일 수도 있다.

공중걸이는 대개 사람이 섰을 때의 눈높이 정도에 걸게 되므로 덩굴성 식물을 활용하는 게 좋다. 피튜니아나 제라늄 등 꽃색이 선명하고 풍성하게 피는 꽃식물을 걸어두면 향기로운 꽃향기를 좀더 가까이에서 맡을 수 있다.

어떤 식물을 심을까?

공중걸이용 식물을 선택할 때는 보는 위치와 식물이 자라는 습성을 고려해야 한다. 눈높이 정도에 공중걸이를 걸면 화분 밑으로 식물이 늘어지는 모양, 옆으로 퍼지거나 위로 자라는 모양이 골고루 보이게 된다. 따라서 위로 곧게 자라는 것, 흙 위를 방석같이 덮는 종류, 그리고 아래로 축 늘어지는 식물까지 골고루 모아심는 게 좋다.

눈높이보다 높은 곳에 걸 때는 밑에서 보는 모양이 좋아야 하니 주로 아래로 늘어지면서 자라는 덩굴성 식물을 선택해야 한다. 반면, 눈높이보다 낮은 곳에 둘 때는 용기의 윗면이 잘 보이게 되므로 흙 위를 방석같이 덮거나 옆으로 퍼지며 자라는 것과 위로 자라는 식물을 같이 심는 게 좋다.

Tip 식물이 자라는 습성

- **위로 자라는 직립성 식물**
  군자란, 드라세나, 라벤더, 로즈메리, 민트, 세이지, 스파티필룸, 안수리움, 칼라, 콜레우스, 크로톤 등.
- **방석같이 둥글고 소보록하게 자라는 식물**
  꽃베고니아, 제라늄, 팬지, 한련화, 아디안툼, 아스파라거스, 타임, 캄파눌라 등.
- **위로도 자라고 아래로도 늘어지며 자라는 식물**
  게발선인장, 바위취, 재스민, 접란, 필로덴드론, 후크시아 등.
- **아래로 늘어지며 자라는 식물**
  덩굴성 제라늄, 러브체인, 스킨답서스, 에피프레넘, 제브리나, 피튜니아, 한련화, 콜룸네아 등.

어떤 용기에 심을까?

공중걸이에 사용되는 용기는 일반 화분과 달리 아래에서 위로 올려다보는 경우가 많으므로 장식적인 효과를 우선적으로 고려하는 게 좋다. 또 공중에 매달리는 전체 무게를 생각해 용기와 배양토가 모두 가벼워야 한다.

일반적으로 손쉽게 구할 수 있는 플라스틱 화분은 가볍고 단단해 사용하기 편리하지만 공중걸이정원의 품격을 떨어뜨리기 쉽다. 반면 일반 토분이나 도자기분 등은 너무 무거워서 공중에 매달아놓기에 불안하고 물을 주기 위해 수시로 내리기도 불편하다.

최근에는 공중걸이용으로 제작된 가지각색의 화분이 시중에서 판매되고 있으니 이를 활용하는 게 좋겠다. 또 주변의 생활용품이나 재활용품을 이용해 자신만의 창의적이고 독특한 공중걸이정원을 마련하는 것도 좋은 방법이다. 용기를 거는 줄, 벽에 설치하는 못이나 선반 등에 따라서도 장식효과가 달라지므로 신중하게 선택해야 한다.

How To 공중걸이 용기정원 만들기

1. 공중걸이에 적합한 용기를 선택한다. 무거운 것은 금물이다.
2. 흙은 무게를 고려해 피트모스, 버미큘라이트, 펄라이트, 하이드로볼, 부엽토 등을 섞어 쓴다. 이끼로만 채우는 방법도 있지만, 이끼는 강산성이므로 산성을 싫어하는 식물에는 다른 재료를 섞어 써야 한다.
3. 용기 안을 이끼로 두르고 그 안에 배합해 놓은 흙을 3분 1 정도 넣는다. 물이 새지 않도록 용기 밑에 비닐이나 신문지를 깔기도 하지만, 비닐은 물빠짐이 아예 안 돼 뿌리가 썩을 수도 있으므로 조심해야 한다.
4. 용기가 작은 경우에는 용기 위에 식물을 가지런히 심어야 하겠지만, 용기가 큰 경우에는 풍성하게 보이도록 용기 옆에 작은 구멍을 내고 식물이 그곳으로도 자라나오도록 할 수 있다. 식물이 상하지 않도록 종이나 셀로판지로 말아 구멍을 통과시킨 다음 싼 종이를 풀어주고 흙을 채워넣으면서 위쪽으로도 식물을 더 심는다.
5. 식물을 용기 모양에 알맞게 배치하고 높이를 조절하면서 흙을 채워넣는다. 이때 보는 위치에 따라 식물의 높이를 조절하면 되는데, 사방에서 바라보이는 위치일 경우에는 중앙을 높게 하고 가장자리로 나오면서 키가 낮아지게 배열하는 게 좋다. 반면

한쪽에서 볼 경우에는 벽 쪽에 키가 큰 것을 놓고 앞으로 오면서 차차 키를 낮춘다.

6. 흙을 골고루 채워넣고 손으로 다독다독 두드려 공기를 빼낸 후 위를 이끼나 하이드로볼로 마감한다.

7. 화장실로 옮겨 물을 충분히 주고 반나절 정도 물이 빠지기를 기다렸다가 제자리에 건다. 볕이 잘 드는 곳일 경우 바로 걸지 말고 2~3일 반그늘에 두었다 옮긴다.

창가걸이와 공중걸이에 알맞은 식물

팬지 *Viola tricolor*

이른봄 도로변 화단을 꽃방석처럼 장식하는 다양한 색과 모양의 팬지는 지중해 연안에 자생하던 제비꽃을 개량한 것이다. 추위에 강하기 때문에 서리가 걷히지 않은 이른봄에 창가걸이를 시작할 수 있다. 한 포기만 심는 것보다 여러 포기를 함께 모아심는 것이 보기에 좋다.

- **빛과 온도 :** 햇빛을 좋아하며 10~20도의 온도에서 잘 자란다. 30도 이상 되면 웃자라기 쉽고, 저온에 강해서 종류에 따라 영하 5도까지도 견딜 수 있다.
- **물주기 :** 물을 좋아하므로 충분히 준다. 특히 햇볕이 잘 드는 야외나 창밖에 걸어두었을 경우 바람과 햇볕 때문에 물이 많이 증발하므로 마르지 않도록 주의한다. 잎과 꽃이 얇기 때문에 한 번 위조현상이 일어나면 회복하기가 쉽지 않다.
- **기타 :** 병충해가 별로 없는 강한 식물이다. 종자를 받으려면 씨주머니가 터지기 전에 받아야 한다. 씨주머니가 밑이나 옆을 향해 있을 때는 아직 영글지 않은 상태이고 꼬투리가 위를 향하면 곧 꼬투리가 터질 징표이니 바로 따서 충분히 말린 후 종이봉투에 넣어 보관한다.

페라고늄 *Pelagonium x hortorum*

잎이 부드럽고 털이 나 있으며 원형에 가깝다. 잎에는 주황색에 가까운 둥근 무늬가 있어 관상가치가 높다. 꽃은 잎 사이에서 계속 올라와 피는데 흰색, 분홍색, 붉은색, 자주색 등 다양한 색을 가지고 있다.

- **빛과 온도 :** 직사광선을 좋아하지만 간접광선에서도 잘 견딘다. 따뜻한 곳이나 서늘한 곳에서 두루 잘 자라나 서늘한 곳에서 꽃이 더 오래간다. 0도까지 견딘다.
- **물주기 :** 생장기에는 규칙적으로 물을 충분히 주되 화분 겉흙이 마르기 시작할 때 다시 준다. 생장기가 지나면 서늘한 곳에 두고 물의 양도 줄인다.
- **기타 :** 본래가 관목형이기 때문에 가을에는 가지를 잘라주어 다음해 식물이 무성하게 자라도록 한다. 영양번식이 가능하기 때문에 가을에 나온 새로운 가지를 잘라 삽목하거나 녹지삽, 여름과 가을에는 반쯤 굳은 가지를 사용한다 반숙지삽.

구근베고니아 *Begonia elatior*

흰색, 노란색, 분홍색, 붉은색, 자주색 등 다양한 색의 꽃이 피며, 진한 녹색의 잎이 무성하게 자란다. 어느 계절에나 꽃시장에서 쉽게 구할 수 있고 특히 겨울철에 집 안을 화사하게 장식하기에 적합한 화초다. '엘라티올 베고니아'라고도 한다.

- **빛과 온도 :** 직사광선을 피하고 간접광선에서 기른다. 따뜻한 곳을 좋아하므로 5도 이상을 유지해야 한다.
- **물주기 :** 봄과 여름에는 물을 자주 주고, 가을과 겨울에는 횟수와 양을 줄인다. 건조한 환경을 싫어하나 과습하면 연부병에 걸리기 쉬우므로 주의해야 한다.
- **기타 :** 꽃이 진 다음에는 바로 따주어야 계속 새로운 꽃대가 올라온다. 흰가루병에 걸리지 않도록 통풍이 잘 되는 곳에서 기른다.

피튜니아 *Petunia hybrida*

본래는 다년생이지만 우리나라에서는 일년초화로 취급하고 있다. 팬지와 더불어 화단이나 도로변 장식에 가장 많이 쓰이는데, 주로 걸이용 식물로 이용된다.

- **빛과 온도 :** 빛이 충분히 닿는 곳에서 잘 자란다. 생육에 적당한 온도는 20도 내외이며, 꽃이 피는 시기에는 20~25도를 유지해 주는 게 좋다.
- **물주기 :** 건조에 강하고 물도 좋아하는 편이지만 과습은 금물이다. 이틀에 한 번 정도 물을 주고 때로는 액비를 묽게 타서 뿌려준다. 특히 여름에는 과습의 피해가 크므로 장마철에 주의해야 한다.
- **기타 :** 꽃이 진 후 종자가 맺히기 전에 바로 따주면 다음 꽃이 충실해진다.

아프리카봉선화 *Impatiens walleriana*

일반적인 봉선화는 잎이 길고 겹꽃이 많은 반면, 아프리카봉선화는 잎이 짧고 둥글며 꽃이 대부분 홑겹이다. 음지나 공해에도 강하고 키우기 쉬워 화단에 많이 이용되고 있다. 최근에는 잎과 꽃이 더욱 화려해진 교배종 '뉴기니봉선화Impatiens New Guinea'가 새로 선보였는데 시중에서는 '뉴기니'라고 한다.

- **빛과 온도 :** 직사광선은 피하고 밝은 간접광선에서 기른다. 생육에 적당한 온도는 20~25도이며, 15도 이하로 내려가면 잘 자라지 못한다. 열대성 식물로 저온에 약하다.
- **물주기 :** 건조하지 않게 항상 습기를 유지해 준다. 물은 매일 조금씩 주는 게 좋다.
- **기타 :** 빛의 주기에는 별로 민감하지 않아 계절에 관계없이 온도만 맞으면 꽃이 잘 핀다. 대체적으로 습한 환경을 좋아하지만 과습하면 뿌리와 줄기가 썩기 쉽다.

클레마티스 *Clematis florida*

흔히 '으아리'라고 하는 미나리아재비과 식물로, 원산지는 중국이다. 창처럼 생긴 늘푸른잎이 지지대를 타고 올라가며 자라는 덩굴성 줄기에서 나온다. 꽃은 흰색, 청보라, 진보라, 자주색 등이 있다.

- **빛과 온도 :** 직사광선과 간접광선에서 두루 잘 자란다. 그러나 어두운 곳에서는 아름다운 꽃을 보기 어렵다. 영하 10도까지 견뎌 실외에서도 겨울을 날 수 있다.
- **물주기 :** 직사광선이 드는 곳에서는 특히 물을 넉넉하게 주고, 꽃이 피는 기간에는 물이 마르지 않도록 주의해야 한다.
- **기타 :** 꽃이 지면 가을에 가지를 적당히 잘라 실내 공간에 맞게 크기를 조절하고 이듬해 생장을 촉진시킨다. 실내에서는 서늘한 곳에서 기르고 매년 봄 분갈이를 해준다.

부겐빌레아 *Bougainvillea galbra*

분꽃과 덩굴성 식물로 생명력이 강하다. 밝은 초록색 잎이 나는 잎겨드랑이에 구부러진 가시가 나와 기어오른다. 눈에 잘 띄지 않는 흰색 꽃이 자주, 진분홍, 노랑, 흰색 등의 화포에 싸여 있는데, 일반적으로 밝은 색의 화포를 꽃이라 생각하기 쉽다.

- **빛과 온도 :** 직사광선을 좋아하고 밝은 간접광선에서도 잘 자란다. 따뜻한 곳을 좋아하지만 저온에도 강해서 5도까지는 견딘다.
- **물주기 :** 물을 너무 많이 주면 뿌리가 썩어 죽는다. 식물이 자라는 동안에는 화분 겉흙이 마르면 바로 물을 주어, 물이 마르는 일이 없도록 한다. 겨울에는 5~12도의 서늘한 곳에 두고 물 주는 횟수를 줄인다.
- **기타 :** 격자 담이나 지지대 등 타고 올라갈 수 있는 장치를 마련해 주어야 한다. 가을에는 가지를 쳐서 나무 모양을 바로잡는다.

시계초 *Passiflora caerulea*

브라질이 원산지인 덩굴성 식물로 10미터까지 자란다. 독특한 모양의 꽃이 낱개로 피는데, 꽃잎과 꽃받침은 흰색, 왕관 모양의 꽃술은 파란색 · 흰색 · 자주색이며, 그 안에 암술과 수술이 겉으로 보이게 나와 있다.

- **빛과 온도 :** 직사광선을 좋아하며 밝은 간접광선에서도 잘 자란다. 시원하고 햇빛이 잘 드는 곳을 좋아한다. 약한 추위에는 견디지만 우리나라 대부분의 실외정원에서는 겨울을 나지 못한다.
- **물주기 :** 봄부터 가을까지는 물을 충분히 준다. 흙이 마르지 않도록 하되, 너무 많이 주면 식물이 죽을 수 있으므로 주의한다. 겨울에는 물 주는 횟수를 줄인다.
- **기타 :** 지지대가 필요한 식물이므로 시렁이나 틀에 올려 기른다. 밤 온도가 적어도 18도까지는 내려가야 꽃눈이 맺힌다. 진딧물과 응애를 조심한다.

제브리나 *Tradescantia fluminensis*

북아메리카가 원산지인 덩굴성 식물로 공중걸이에 많이 이용된다. 잎은 광택이 나고 무늬와 색이 다양해 용기정원의 부재료도 많이 쓰인다. 마디마다 뿌리가 나올 수 있어 번식시키기가 쉽다. 실내정원에서는 지피식물로도 쓰이지만 실외에서는 겨울을 날 수 없다.

- **빛과 온도 :** 직사광선을 피해 간접광선에서 기른다. 따뜻하거나 서늘한 곳 어디에서나 잘 자란다. 겨울에는 실내 온도 5도까지 견딘다.
- **물주기 :** 사계절 공히 규칙적으로 물을 주되, 화분 겉흙이 마르기 시작하면 바로 준다.
- **기타 :** 빨리 자라는데다 마디마다 뿌리가 나올 수 있어 꺾꽂이하기가 쉽다. 화분 가득 다보록하게 자라도록 하려면 이른봄에 가지를 잘라준다. 2년에 한 번씩 분갈이를 한다.

클레로덴드럼 *Clerodendron thomsoniae*, Bleeding-heart Vine

흔히 '누리장나무'라고 하는 마편초과 식물로 서아프리카가 원산지다. 기어오르는 덩굴성 가지에 계란형 진녹색 잎이 난다. 순백색이나 분홍색 꽃받침이 부풀어올라 꽃 모양을 하고, 그 속에 빨간색 화관의 작은 꽃이 뭉치로 핀다.

- **빛과 온도 :** 밝은 간접광선을 좋아하지만 직사광선은 피하는 게 좋다. 따뜻한 곳을 좋아하며 최저 21도를 유지해 주면 계속 자란다. 10도까지 견딘다.
- **물주기 :** 흙은 항상 촉촉하게 유지하지만 물을 지나치게 많이 주는 것은 좋지 않다.
- **기타 :** 물이 잘 빠지는 흙에 심고, 식물이 자라면 지지대를 마련해 준다. 온도가 급격하게 변하면 꽃봉오리가 떨어지므로 주의한다.

특별한 목적의 용기정원

얼마 전까지는 용기정원이 그저 싱그러운 볼거리로 또는 세심한 관리를 필요로 하는 약초 등을 키워내는 재배방법으로 활용되었다. 그러나 최근 실내식물의 여러 가지 효능이 과학적으로 밝혀지기 시작하면서 특별한 목적에 적합한 식물을 용기에 심어 실내에서 기르는 가정이 늘고 있다. 실내 공기 정화 능력이 뛰어나거나 건강에 이로운 음이온을 많이 발산하는 식물이 각광을 받는 것도 바로 이러한 이유 때문일 것이다.

실내 공기 정화 능력이야 앞에서도 많이 다루었으니, 여기서는 어린이들의 호기심을 자극하는 벌레잡이식물과 사무실을 자연친화적인 공간으로 바꾸는 식물들을 이용해 용기정원을 만드는 방법에 대해 알아보자.

- 선택요령 : 미리 생각한 목적에 맞는 식물을 선택한다. 자신의 상황에 딱 들어맞는 용기정원은 독특하면서도 편안한 실내를 꾸밀 수 있는 기회가 되기도 한다. 다만 이 경우에는 식물의 생태적인 기능뿐만 아니라 특성에 대해서도 잘 알고 있어야 그 식물과 오래도록 함께 지낼 수 있다.
- 빛 : 대부분은 밝은 간접광선에서 잘 자라지만 박쥐란이나 고사리 같은 식물은 빛이 적은 곳에서도 잘 자란다.
- 온도 : 낮에는 따뜻하게, 밤에는 서늘하게 유지한다.
- 습도 : 겨울의 실내 공기가 너무 건조하지 않게 유지한다.
- 물주기 : 물은 지하수나 증류수를 이용하는 것이 가장 좋지만, 수돗물을 이용할 때는 미리 받아 2~3일 두었다가 사용하는 게 좋다. 만약 갯벌식물을 기르고 싶다면 약간의 염분기가 있는 물을 사용해야 한다.

어린이들의 호기심을 자극하는 벌레잡이식물 키우기

식충식물食蟲植物, 즉 벌레잡이식물은 그 이름만으로도 호기심 많은 어린이들의 흥미를 끈다. 파리지옥, 끈끈이주걱, 벌레잡이제비꽃 등. '이 식물들이 과연 어떻게 곤충을 잡아먹을까?' 궁금해하는 아이들과 함께 식충식물을 키워보자.

집 안에서 벌레잡이식물을 키우다 보면 아이들에게 인내심을 가지고 기다리는 게 얼마나 중요한지 가르칠 수 있다. 아무리 파리를 잡아다 주어도 입조차 벌리지 않는 파리지옥 때문에 "치이, 엉터리야. 파리지옥은 무슨 파리지옥……" 하고 투덜대던 아이들도, 어느 날 파리지옥 잎 사이에 파리가 잡혀 있는 모습을 보고는 탄성을 지르게 마련이다.

습한 환경을 좋아하는 끈끈이주걱과 파리지옥을 배수구가 없는 유리용기에 모아심었다. 두 식물만으로는 모양이 나지 않아 잎에 무늬가 있는 렉스베고니아를 함께 심어 포인트를 주었다.

벌레잡이식물 모아심기

벌레잡이식물 중에서 네펜데스Nepenthes는 몸집과 벌레잡이통이 꽤 크지만 파리지옥이나 끈끈이주걱은 비교적 작아 작은 화분에서도 잘 자란다. 그런데 이렇게 작은 식물들은 개별적으로 기르기가 쉽지 않다. 게다가 끈끈이주걱 등은 모양이 별로 없는 식물이라 따로 기르는 것보다 잎이 아름다운 렉스베고니아 등과 모아심으면 보기에도 좋다.

원래 늪지대의 강산성 환경에서 자라는 벌레잡이식물은 다른 식물들처럼 토양에서 충분한 양분을 섭취하지 못한다. 그래서 벌레를 잡아 용해해서 양분, 특히 질소 성분 등을 얻는 것이다. 그러니 벌레잡이식물을 키울 때에는 이끼에 심어 산성 조건을 충족시켜 주는 게 좋다. 또한 습한 환경을 좋아하므로 유리그릇에 심어 위가 열린 테라리움을 만드는 것도 좋은 방법이다.

How To

1. 용기 바닥에 이끼를 깔고 그 위에 유기물이 많이 함유된 배양토를 넣는다.
2. 미리 구상한 대로 식물을 배치한 후 스패그넘이끼로 마무리한다.
3. 공중 습도를 높게 유지해 주어야 하며, 물을 줄 때는 잎에 직접 닿지 않도록 주의해야 한다. 잎에 끈끈한 점액이 있어서 여기에 곤충이 달라붙게 되는데, 점액이 물에 섞이면 벌레를 잡지 못한다.

파리지옥

끈끈이 주걱

네펜데스

사무실을 자연친화적인 공간으로

도시 인구의 대부분이 낮시간을 보내는 사무실은 환경 면에서나 정서적으로도 정말 삭막해지기 쉬운 공간이다. 게다가 환기나 채광 조건이 좋지 않아 건강을 해치는 경우도 많다. 이러한 사무실에 생명이 숨쉬는 식물을 들이게 되면 각박한 분위기가 평온해지고 정서적인 안정감이 조성될 뿐만 아니라 구성원들의 사무 능력이 증진되며, 장기 무단결근과 같은 불상사가 줄어든다는 연구결과가 있다.* 또한 사무실 안에 있는 카펫이나 가구, 복사기 등에서 유발되는 오염물질과 전자제품이 내뿜는 유해전자파를 정화해 구성원들의 건강 유지에도 기여하게 된다.

사무실은 가정보다는 공간이 넓고 주로 의자에 앉거나 서서 일하는 공간이기 때문에 바닥에 두는 용기정원은 아무래도 키가 좀 큰 식물이 좋다. 파키라와 스파티필룸은 녹색이 선명해서 눈의 피로를 덜어줄 뿐 아니라 실내 공기 정화에도 탁월한 효과가 있다.

어떤 식물을 어떤 용기에 심을까?

사무실에 실내식물을 들일 경우에는 용기에 특히 신경을 써야 한다. 그 공간의 특성에 맞는 스타일의 용기를 선택해 장식효과를 높이는 게 좋다. 또한 식물을 선택할 때에도 스타일을 고려하되, 그중에서 유지·관리가 용이하지 않은 것은 배제해야 한다.

보통은 잎의 선이 강하고 두꺼우며 물관리가 용이한 식물로서 가정에 두기는 비교적 큰 식물들이 선호된다. 사무실 환경에서는 식물의 성장 속도가 매우 느리기 때문에 처음부터 어느 정도 크기가 있는 식물을 구입하게 되는 것이다. 몸집이 큰 식물들은 그 크기 때문에 멋진 광경을 연출하지만 가구와 같이 일정한 공간을 필요로 한다. 그래서 더더욱 주위 가구나 사무실 환경과 잘 어울리는 용기와 식물을 선택해야 하는 것이다.

사무실은 일반적으로 늘 일정한 온도를 유지하지만 겨울철 야간에는 온도가 많이 떨어질 수 있다는 점을 유의해야 한다. 또한 에어컨디셔너와 온풍기 등이 가동되어 실내 공기가 건조하고, 주말에는 냉·온방이 정지되어 실내 온도에 큰 변화가 있으며, 야근하는 사람들은 식물도 잠을 자야 한다는 사실에 개의치 않고 밤새도록 불을 환하게 밝히기 일쑤다. 게다가 연휴라도 길게 이어지면 식물을 관리하기가 쉽지 않다. 결론적으로 사무실 환경은 식물이 살기에는 별로 좋지 않다. 따라서 이러한 환경에도 잘 견디는 식물을 선택해야 한다.

잎이 풍성하고 가지가 아래로 늘어져 독특한 조형미를 자랑하는 벤자민고무나무, 물을 자주 주지 않아도 되고 실내 공기 정화 기능이 뛰어난 산세비에리아, 열악한 환경에서도 잘 자라는 셰플레라, 생명력이 강하고 잎이 옆과 아래로 늘어지며 자라 걸이용으로 적합한 접란 등을 키우면 큰 노력 없이도 삭막한 사무실이 자연친화적이고 안온한 공간으로 탈바꿈할 것이다. 이러한 식물은 앞의 '관엽식물 용기정원'에서 이미 다루었으므로, 이 장에서는 좀 생소하지만 사무실에서 키우기 좋은 네 식물을 소개한다.

* Relf, D(ed) | The role of horticulture in human well-being and social development | Timber Press | 1992

사무실 용기정원에 알맞은 식물

아라우카리아 *Araucaria heterophylla*

가지가 층을 이루며 옆으로 자라는 독특한 모양의 관엽식물이다. 가지에 송곳 모양의 부드러운 바늘이 있다. 원산지에서는 7미터까지 자란다고 하지만, 실내에서는 그 반 정도를 기대할 수 있다. 포름알데히드 등 공기오염물질을 정화하는 능력이 뛰어나다고 알려져 있다.

- **빛과 온도 :** 직사광선을 피해 간접광선에서 기른다. 따뜻하거나 서늘한 곳 어디에서나 잘 자란다. 겨울에는 실내 온도 5도까지 견딘다.
- **물주기 :** 건조에 강한 편이지만 규칙적으로 물을 주어 흙이 마르지 않도록 한다. 겨울철에는 건조하게 둔다.
- **기타 :** 너무 덥거나 건조가 심하면 잎이 떨어질 수 있다.

소철고사리 *Zamioculcas zamiifolia*

실내 용기정원용 관엽식물로, 생명력이 강하고 조형미가 좋다. 생장이 아주 느린 다육질 구근식물로, 우상복엽의 큰 잎은 진녹색을 띠며 잎자루가 아주 굵다.

- **빛과 온도 :** 직사광선에서 그늘진 곳까지 어느 곳에서나 기를 수 있다. 비교적 따뜻한 곳에서 잘 자라지만 겨울철에는 15도까지 견디며 더운 방보다 서늘한 사무실이나 마루에서 잘 견딘다.
- **물주기 :** 생장기인 늦봄에서 여름철에는 규칙적으로 물을 잘 주고, 가을부터는 물의 양을 줄인다. 건조에도 아주 강하며 물이 과다할 경우에는 잎이 누렇게 변하면서 떨어진다.
- **기타 :** 2~3년에 한 번씩 분갈이를 해준다. 응애에 약하다. 봄에 잎을 잘라 꽂으면 작은 잎이 돋아나고, 이식해 잘 키우면 밑에서 구근이 생기고 어린 식물이 잘 자란다.

용설란 *Agave americana*

두꺼운 잎과 날카로운 가시가 특별한 조형미를 연출하는 다육식물이다. 줄기는 없고, 넓고 두꺼운 다육질의 회녹색 잎이 로제트형으로 겹쳐난다. 잎끝에는 뾰족하고 잎 가장자리에는 두루 날카로운 갈색 가시가 있다.

- **빛과 온도 :** 직사광선을 좋아하며 간접광선에서도 잘 자란다. 따뜻한 곳을 좋아하지만 겨울에는 조금 서늘하게 둔다. 0도까지 견딘다.
- **물주기 :** 건조한 사막지대에 적응하도록 진화된 용설란은 물을 너무 많이 주면 죽는다. 봄부터 가을까지는 한 주에 한 번 정도 주되 화분 겉흙이 확실히 건조한 뒤에 주고, 겨울철에는 흙이 거의 말라 있어야 한다.
- **기타 :** 해충도 병도 거의 없어 기르기 쉬운 식물 중 하나다. 약 100여 종의 용설란이 있는데 이중 일부만이 재배된다. 바리에가타 *variegata*는 잎 가장자리가 노란색이며, 빅토리아용설란 *A. victoria-reginae*은 날카로운 가시가 없고 잎 주변이 섬유질의 흰 줄로 둘러쳐져 있다. 스트리카 *A. strica* 종은 잎이 가늘고 진녹색이 도는 회색이다.

유카 *Yucca elephatipes*

목본성 줄기가 있으며, 가죽 질감의 진녹색 잎이 로제트 형태로 나온다. 잎 가장자리는 거칠고 줄기 끝이 연하다. 여름에는 실외에서 기르는 것이 좋은 생명력이 강하고 조형미가 있는 관엽식물이다.

- **빛과 온도 :** 밝은 빛을 좋아하지만 직사광선에 오래 노출되면 잎이 상한다. 빛이 적은 곳에서도 견디지만 자라지는 않는다. 따뜻한 곳에서 잘 자라지만 0도 정도의 서늘한 곳에서도 견딘다.
- **물주기 :** 물을 규칙적으로 주되 흙이 마르면 준다. 겨울철에는 물 주는 횟수와 양을 줄인다.
- **기타 :** 2~3년에 한 번씩 이른봄에 분갈이를 한다. 이때 포기나누기로 증식한다. 식물이 약해지면 진딧물, 깍지벌레, 응애가 생기기 쉽다.

Part 2

내 손으로 직접 만드는 우리집 용기정원

무엇을 키울까?

지루한 겨울이 지나가고 거리가 온통 화사한 꽃으로 넘치면 '우리집에도 저렇게 예쁜 화분 하나 들여볼까?' 하는 생각이 간절해진다. 또 집 안을 새로 꾸미거나 분위기를 바꾸고 싶을 때 '이 자리에 키 큰 식물을 하나 들이면 어떨까?' 하는 생각에 화원을 기웃거리게 된다.

많은 사람이 식물을 실내장식의 중요한 요소 가운데 하나로 인식하고는 있지만, 다른 요소들에 비하면 사전준비가 미흡한 것 같다. 그저 화원에 들러 이것저것 보기 좋은 것을 가져다 적당한 공간에 두는 정도가 아닌지……. 때로는 장식적인 효과와 공기 정화 기능만 생각해 이것저것 사들였다가 결국 어디에 둘지 몰라 고민하는 경우도 있다. 또 화원에서는 화려했던 꽃이 집에서는 제대로 피지 않아 곧 천덕꾸러기 신세가 되기도 한다. 이처럼 후회스러운 일을 방지하기 위해선 식물을 집 안에 들일 때 많은 것을 고려해야 한다.

우리집의 환경과 식물의 생태적 특성을 생각한다

집 안에 용기정원을 만들기로 마음먹었다면 가장 중요한 일이 자신의 집 환경에 맞는 식물을 선택하는 것이다. 이 선택에 용기정원의 성패가 달려 있다고 해도 과언이 아니다. 집 안에 들일 식물을 선택하기 전에 우선 자신의 집이 식물에게 어떤 환경을 제공할 수 있는지를 살펴보아야 한다.

식물의 생육에 영향을 미치는 요소로는 빛, 온도, 수분과 습도 등을 들 수 있다. 이 요소들은 대부분 어느 정도 사람의 힘으로 조절할 수 있지만 빛은 조절이 쉽지 않기 때문에 집의 빛 조건과 식물의 빛 요구도를 잘 맞춰야 한다.

우리집 빛 조건에 맞는 식물을 선택한다

이른봄에 꽃시장에 나가면 온갖 아름다운 꽃이 우리를 유혹한다. 이것도 사고 싶고 저것도 키워보고 싶다. 그러나 식물마다 빛 요구도가 다르기 때문에 식물을 집에 들이기 전에 우리집의 빛 조건을 확인하고 그 식물을 어디에 놓을 것인지 생각해야 한다.

아름다운 꽃을 피우는 식물, 다양한 무늬의 잎을 가진 반엽식물과 크로톤같이 색상이 짙고 화려한 식물들은 대부분 햇빛이 잘 드는 밝은 곳에서만 밝고 아름다운 꽃을 피우고 무늬와 색이 뚜렷해진다. 인공조명을 한다고 해도 태양광선을 대신할 수는 없다. 또 식물에 따라서는 직사광선 아래서는 제대로 자라지 못하는 식물도 있다. 이와 같이 식물의 종류에 따라 좋아하는 빛의 강도가 다르기 때문에 식물의 빛 요구도에 대해 잘 아는 것이 용기정원 성공의 첫걸음이라고 할 수 있다.

녹색식물은 광합성을 통해 빛에너지를 화학에너지로 바꿈으로써 왕성하게 성장한다. 그러나 식물에 따라 빛을 요구하는 정도와 주어진 빛 조건에 적응하

대부분의 식물은 간접광선을 좋아한다. 실내인 경우
직사광선이 드는 곳은 별로 없으므로 발코니 등에 용기정원을 두더라도
빛을 너무 많이 쪼여 피해를 보는 경우는 거의 없다.

는 능력이 다르다. 강한 빛에서 가장 잘 자라는 양지식물, 그늘에서 잘 자라는 음지식물, 그리고 그 중간의 환경을 좋아하는 반음지식물이 있는데, 실내의 용기정원에는 반음지 내지는 음지 식물이 적합하다.

화려한 꽃이 피는 식물은 대부분 양지식물에 속하지만, 아프리카봉선화와 아프리카제비꽃 등은 온도 조건만 맞으면 반음지에서도 화려한 꽃을 오랫동안 볼 수 있다.

원산지가 열대우림인 실내식물들은 빛이 많이 들지 않는 실내에서도 잘 자라기 때문에, 꽃을 피우기에 적합하지 않은 빛 조건이라면 이런 식물들을 선택하는 게 좋다. 꽃 대신 잎에 다양한 색깔의 무늬가 있는 반엽종斑葉種 식물들이 사랑을 받고 있지만, 이들도 빛이 부족하면 선명한 무늬가 흐려지면서 녹색이 나타난다. 따라서 직사광선은 피하더라도 비교적 밝은 곳에서 키워야 한다.

화원을 화려하게 장식하고 있는 온갖 꽃과 관엽식물은 대개 밝은 간접광선을 좋아한다. 그런데 집 안에는 밝은 빛이 쏟아지는 공간이 그리 많지 않다. 또 빛이 잘 드는 곳은 그 빛만으로도 아늑하고 생동감이 넘쳐 굳이 식물을 둘 필요도 없다. 우리 대부분은 집 안의 어둠침침한 곳에 싱그럽고 화사한 식물을 놓아 분위기를 바꾸고 싶어한다. 하지만 그런 공간에서 식물을 키우면 줄기가 콩나물같이 웃자라고 잎은 퇴색하며 꽃봉오리는 피지도 못한 채 시들시들 떨어져 마음을 상하게 한다.

그렇다고 빛이 부족한 곳에서 식물을 아예 기를 수 없는 것은 아니다. 첫째, 내음성耐陰性이 강한 식물을 선택하면 된다. 그리고 둘째, 자리바꾸기 작전을 수행한다. 즉, 2주에 한 번씩 빛이 잘 드는 공간에 있는 다른 식물과 자리를 바꿔 빛을 보게 해주는 것이다.

빛이 부족한 실내에서 인공조명을 하고자 할 때는 형광등을 사용하는 것이 실내 온도를 많이 올리지 않으면서도 적당한 빛을 줄 수 있다. 그러나 청색의 형광등 대신 적색 계열의 파장까지 갖춘 배양등을 사용하는 게 더 좋다. 꽃이 피는 식물은 조명등을 식물에서 15센티미터 정도 떨어지게 설치하고, 여덟 시간 이상 등을 켜줘야 꽃이 제대로 핀다. 반면 관엽식물은 빛 요구도가 낮아 광원光源이 60센티미터 이상 떨어진 곳에서 잘 자란다.

Tip 빛 요구도에 따른 식물의 분류

분 류	특 징	식 물
양지식물 직사광선에서 잘 자라는 식물	• 잎이 비교적 두껍고 작다. • 꽃이 많이 핀다. • 빛이 부족한 곳에서는 가늘고 약하게 자란다.	세덤류, 아데늄, 칼랑코에 등 다육식물, 피라칸타, 구근류, 선인장류, 알리섬, 제라늄, 헬리오트로프, 달리아, 한련화, 장미, 무궁화, 접시꽃, 채송화, 샐비어, 매리골드, 콜레우스, 토마토, 오이, 고추, 멜론, 옥수수 등.
반음지식물 밝은 곳에서 잘 자라는 식물	• 반음지, 반양지에서 잘 자란다. • 양지식물과 음지식물의 중간 상태 식물.	드라세나, 알로카시아, 안수리움, 에크메아, 심비듐, 크로톤, 아프리카제비꽃, 칼라듐, 테이블야자, 클레로덴드럼, 바위취, 빌로드이끼, 은방울꽃, 이끼류, 소철고사리, 콩짜개덩굴, 호스타, 진달래, 철쭉, 개나리, 꽃베고니아, 아펠란드라, 아프리카봉선화 등.
음지식물 그늘에서도 잘 자라는 식물	• 잎이 비교적 넓고 크며 그루당 잎 수가 적다. • 빛이 강하면 잎이 작아지고 심한 경우에는 잎이 탄다日燒현상.	대부분의 실내 관엽식물, 베고니아, 싱고늄, 아이비, 고사리류, 난류, 아스파라거스, 맥문동, 필로덴드론 등.

우리집 습도에 맞는 식물을 선택한다

실내식물 관리에서 가장 중요한 일은 물공급인데, 용기정원을 생명력 넘치게 유지하기 위해서는 토양을 통한 수분공급 못지않게 공중 습도가 중요하다. 대부분의 식물은 공중 습도가 50~70퍼센트일 때 잘 자란다. 그런데 최근에는 난방방법이 발전하면서 겨울철 집 안 공중 습도가 20~40퍼센트로 극히 낮아 실내식물들에게 부적합한 환경이 되고 있다.

공중 습도가 낮으면 잎끝이 마르고 새순이 나오다가도 말라버리며 꽃봉오리가 생겼다가도 꽃을 피우지 못하고 떨어져버리며 핀 꽃도 곧 시들어버린다. 또한 진딧물이나 응애 같은 해충이 건조한 환경에서 잘 번식한다는 점도 유의해야 한다. 반면에 공중 습도가 너무 높으면 식물이 웃자라 병충해에 대한 저항력이 떨어지고 곰팡이류가 번식하기 쉽다.

식물에 따라 공중 습도가 미치는 영향은 각기 다르다. 선인장이나 다육식물은 공중 습도가 30~40퍼센트면 적당하다. 잎이 두껍고 매끈매끈한 고무나무나 페페로미아 등은 최적의 조건이 아닌 아파트 실내에서도 비교적 잘 견딘다. 하지만 박쥐란, 피토니아, 아디안툼 같은 식물은 80퍼센트 정도의 공중 습도가 유지되어야 싱싱하게 잘 자란다. 양란류는 아파트에서도 잘 견디지만, 대부분 열대우림의 큰 나무들 사이에서 자생하던 품종이기 때문에 습도가 높은 환경에서 꽃이 잘 핀다. 양란이 꽃봉오리가 맺혔다가도 꽃이 피지 않은 채 떨어지면 실내 습도를 먼저 점검해 봐야 한다.

공중 습도를 유지하는 가장 손쉬운 방법은 가습기를 설치하거나 분무기로 물을 뿜어주는 것이다. 또 넓은 용기에 자갈을 깔고 물을 충분히 준 다음 용기를 올려놓는 것도 좋은 방법이다. 이때 습생식물을 제외하고는 수면이 화분의 배수구보다 높아서는 안 된다. 수분을 많이 요하

실내식물은 흙에서 공급받는 수분 못지않게 공중 습도의 영향을 많이 받는다. 잎이 두꺼운 다육식물(아래)은 건조해도 잘 견디고 오히려 습도가 낮은 환경을 더 좋아하지만, 마스데발리아(왼쪽) 등의 양란은 공중 습도가 낮으면 꽃을 피우지 못한다.

는 식물들은 자갈 대신 이끼 등 물을 많이 흡수해 간직할 수 있는 재료를 넣어 주면 수분과 공중 습도 유지에 도움이 된다.

실내식물은 또한 통풍과 환기를 자주 해주어야 병충해 없이 건강하게 자란다. 원산지가 열대나 아열대인 관엽식물들은 건조하고 바람이 통하지 않는 실내 환경에서는 잘 자라지 못하고 병충해에 걸리기 쉽다. 특히 겨울철 실내는 거의 밀폐된 공간이기 때문에 바람이 없고 건조해 식물의 성장에 열악한 환경이 된다.

기온이 높아지는 늦은봄부터는 항상 문을 열어놓아 신선한 공기를 접하게 하고, 추운 겨울이라 해도 햇볕이 좋고 따뜻한 날에는 하루에 한두 시간씩 문을 열고 환기를 해주는 것이 좋다. 특히 난을 많이 재배하는 가정에서는 여름철에 환풍기를 이용해 강제 환풍을 하는 게 큰 도움이 된다.

화기와 생육주기는 길되, 성장 속도는 느린 식물을 선택한다

우리가 흔히 접하는 많은 식물이 실내의 용기에서도 잘 자라지만, 용기식물은 크게 두 종류로 구분해 살펴볼 수 있다. 다양한 색의 꽃으로 화려한 멋을 선사하는 1~2년생 화초와 숙근초, 그리고 관엽식물이나 작은 관목과 같이 항상 녹색공간을 연출하는 다년생 식물.

화려한 꽃으로 계절의 향기를 전하는 꽃식물들은 변화감와 생동감을 주지만, 꽃이 지고 나면 어떻게 처리해야 할지 몰라 속을 태우는 골칫거리가 되기 쉽다. 특히 꽃은 화려하지만 화기花期가 짧은 품종은 용기정원에 적합하지 않다. 예를 들어 델피니움*Delphinium*이나 루피너스*Lupinus*는 꽃이 아름다운 숙근초지만 화기가 짧고 꽃이 진 후에는 잎도 시들어버리기 때문에 관상가치가 높지 않다.

용기식물을 선택할 때 식물의 생육과 관련해 또 한 가지 고려할 점이 있다. 성장 속도가 빠르고 크게 자라는 식물은 피해야 한다는 것이다.

집 안 공간이 충분히 넓은 경우에는 지름이 75센티미터 이상 되는 대형 화분에 수형樹形이 좋은 관목을 심어 넓고 시원한 느낌을 연출할 수 있다. 그러나 천

7~9월에 다양하고 은은한 색의 작은 꽃이 꽃방망이를 이루며 피는 델피니움은 꽃이 무척 아름다운 식물이지만, 꽃이 피어 있는 시기가 짧고 꽃이 진 후에는 잎도 쉬이 시들어버려 용기에 키우기에는 적합하지 않다.

장이 높고 공간이 넓은 집이 아니라면 수형이 아름답고 옥외에서 잘 자라는 관목이나 덩굴성 식물을 집 안에 들이고 싶다는 생각은 일찌감치 포기하는 게 현명하다. 처음에 작은 묘목을 사다 심어도 성장 속도가 빠른 관목은 곧 용기를 꽉 채우고, 덩굴성 식물은 옆으로 마구 퍼져 올라가기 때문에 곧 감당하기 어려워진다.

초보자는 기르기 쉬운 식물부터 시작한다

초보자는 식물의 모양이나 공간의 디자인적인 면을 생각하기보다 어떤 환경에나 잘 적응하고 관리하기가 수월한 식물부터 시작하는 게 좋다.

또 한 용기에 여러 종류의 식물을 모아심으면 더 아름답고 독특한 멋을 연출할 수 있지만, 처음에는 한 종류의 식물만 심어야 관리하기에 편하고 식물을 죽이지 않고 오래 키울 수 있다. 그러다가 좀더 익숙해진 후에 모아심기를 하더라도 생육 습성이 비슷한 것끼리 심어야 빛, 습도, 온도의 조절과 물주기 등 관리하기가 용이하고 식물도 훨씬 잘 자란다.

실내 공간은 통풍이 잘되지 않으므로 식물을 실내에 들일 때는 독성은 없는지, 알레르기원은 아닌지 등을 미리 점검해야 한다. 특히 노약자나 어린이가 있는 집에서는 이 점에 유의할 필요가 있다. 대부분의 실내식물은 안전하지만 고무나무, 군자란, 꽃기린 등의 대극과 식물, 디펜바키아, 몬스테라, 스킨답서스, 스파티필룸, 안수리움, 잉글리시아이비, 칼라듐, 크로톤, 필로덴드론 등은 독성 물질을 함유하고 있다고 보고된 바 있다.

Tip 초보자도 기르기 쉬운 실내식물

처음 식물을 길러보는 사람이라면 무엇보다 관리하기 쉬운 식물을 선택해야 한다. 스킨답서스, 필로덴드론, 제브리나(138), 산세비에리아(65), 접란(73), 셰플레라(68), 벤자민고무나무(70), 칼랑코에(42), 테이블야자(118) 등은 죽이기도 쉽지 않은 식물들이다.

* 식물 옆의 숫자는 이 책에서 각 식물의 특성과 관리법을 설명한 페이지다.

식물을 잘 기르기 위해서는 빛, 습도, 온도 등 여러 가지 조건을 맞춰줘야 한다. 하지만 식물도 생명이 있어서 어느 정도는 스스로 환경에 적응해 살아간다. 처음 식물을 기르기 시작할 때는 이처럼 식물의 자생력에 의존할 수밖에 없다. 왼쪽부터 스킨답서스, 제브리나, 테이블야자.

식물에 대해 반드시 알아야 할 두세 가지

땅 한 뼘 찾아보기 어려운 도시라고 해도 집 안을 자연친화적인 공간으로 바꾸고 다양한 식물들과 함께 건강한 삶을 사는 것은 그리 어려운 일이 아니다. 우리집 환경에 맞는 식물을 선택해 적절하게 관리해 주면 된다. 그런데 이 '적절하다'는 말이 참 어렵다. 절대적인 기준이 정해져 있는 것도 아니고 식물에 따른 매뉴얼이 있는 것도 아니니 말이다.

그래도 '적절한 식물 관리법'을 체득할 수 있는 지름길이 있다. 식물에 대해 관심을 갖고 공부하는 것이다. 원산지, 생육주기, 자라는 방향, 모양·크기·색 등 식물의 형태에 대해 하나둘 공부하다 보면, 어느새 죽어가는 식물도 손만 대면 살려낸다는 '마술손Green Thumb'을 갖게 될 것이다.

원산지를 알면 그 식물이 좋아하는 기후와 장소를 알 수 있다. 즉, 좋아하는 온도와 습도, 빛 조건 등을 파악해 그 식물이 우리집 환경에 맞는지, 빛이 어느 정도 드는 공간에 놓을지, 물은 어떻게 줄지 등을 금방 알 수 있는 것이다.

생육주기를 알면 식물이 초본류인지 숙근초인지 또는 목본류인지를 알고, 언제 새싹이 나오고 꽃이 피고 열매를 맺고 낙엽이 지고 휴식기는 언제인지 등을 알 수 있다. 이 각각의 시기에 맞추어 파종을 하거나 꽃과 가지를 따주는 등의 관리를 하게 되면 식물을 더 건강하게 키울 수 있다.

특히 실내식물을 잘 다듬어주기 위해서는 눈에 보이지 않게 꽃눈이 생기는 꽃눈 분화시기를 알아야 한다. 꽃눈이 분화된 가지를 잘라내면 제철에 꽃을 볼 수 없고, 줄기나 가지가 성숙하지 않으면 꽃눈이 분화되지 않는다는 사실 등을 알고 관리해야 아름다운 꽃을 볼 수 있다. 또한 적당한 시기에 저온처리를 해줘야만 다음해 꽃을 피우는 식물도 있다. 상당히 전문적인 것으로 보이지만, 식물에 대해 관심을 갖고 조금만 신경써서 정보를 찾아보면 쉽게 알 수 있을 것이다.

식물이 자라는 방향을 알면 적합한 용기에 보기에도 딱 좋은 용기정원을 꾸밀 수 있다. 모아심기를 하거나 공중걸이 용기정원을 만들 때는 특히 식물이 자라는 방향을 알고 시작하는 게 중요하다. 어린 모종일 때는 자라는 특성이 잘 나타나지 않기 때문에 식물이 자랄 방향을 미리 파악하는 게 좋다. 위로 자라는 식물인지, 소복하고 둥글게 자라는 종류인지, 옆으로 뻗으면서 자라는 식물인지, 아래로 뻗어나가는 덩굴성 식물인지를 미리 알고 있으면 다 자랐을 때의 모양에 가장 잘 어울리는 용기를 선택해 가장 아름답게 보이는 공간에 설치할 수 있다127쪽 참조.

식물의 형태를 알면 용기정원뿐만 아니라 집 안 전체의 인테리어에도 큰 도움이 된다. 아직 형태의 특징이 나타나지 않은 어린 식물일지라도 그 식물 고유의 형태나 꽃의 색 등을 미리 알고 있으면 실내를 조화롭게 꾸밀 수 있다.

눈높이에 공중걸이 용기를 걸 때 위로 자라는 직립형의 식물을 심으면 영 볼품이 없다. 또 입식생활을 하는 공간에서 옆으로 다보록하게 자라는 로제트형이나 아래로 뻗는 덩굴성 식물을 심은 용기를 바닥에 두면 그 아름다움을 제대로 감상할 수 없다166쪽 그림 참조. 이렇듯 식물의 형태, 크기, 질감, 색깔 등을 미리 아는 것은 조화로운 용기정원을 꾸미는 데 아주 귀중한 자산이다.

Tip 꽃이 아니라 잎이에요!

식물의 꽃과 열매는 관상 또는 식용 가치 때문에 관심이 집중된다. 특히 꽃은 식물을 분류할 때 귀중한 열쇠가 되기도 한다. 잎눈이 꽃눈으로 변한 부위에서 피어나는 꽃은 식물학적으로는 잎의 변형이다. 실내식물로 인기있는 식물들 중에는 꽃이라 생각되는 부분이 꽃눈에서 분화된 꽃이 아니라 잎이나 화포 등의 변형인 경우가 있다. 안수리움, 포인세티아, 부겐빌레아 등의 경우 꽃눈에서 분화된 진짜 꽃은 아주 작거나 색이 좋지 않은 반면 이를 둘러싸고 있는 화포나 잎이 화려해서 이를 꽃으로 착각하게 된다.

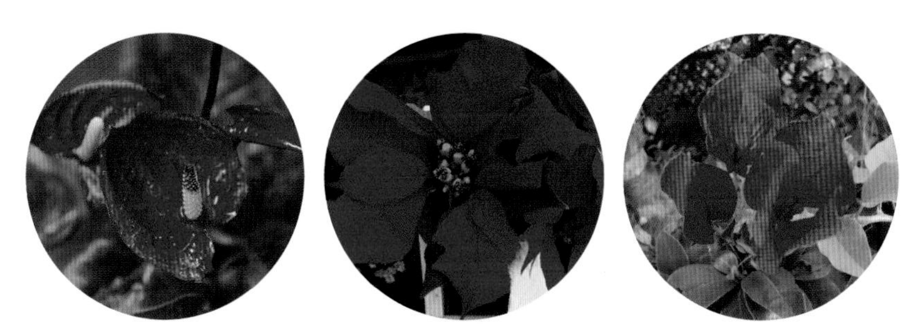

우리는 대개 '식물의 잎은 녹색'이라고 생각한다. 그래서 녹색이 아니고 잎과 조금만 다르게 생겼어도 꽃이라고 생각한다. 하지만 잎에 독특한 무늬가 있는 반엽종도 그렇고, 잎이나 화포 등이 변형돼 꽃보다 더 아름다운 자태를 뽐내는 식물도 많다. 왼쪽부터 안수리움의 화포, 포인세티아의 잎, 부겐빌레아의 화포.

전체적인 디자인 요소를 고려한 식물 선정

꽃의 화려함이나 용기의 멋에 매료되어 식물을 충동구매했다가 집 안의 공간이나 분위기와 어울리지 않아 애를 먹은 경험이 한두 번쯤 있을 것이다. 서랍이나 선반장 또는 거울 등 작은 소품 하나라도 집에 들일 때는 여러 가지 요소를 고려하듯이 식물도 마찬가지로 신중하게 선택해야 한다. 게다가 식물은 생명이 있는 것이어서 맘에 안 든다고 쉽게 버릴 수도 없으니 말이다.

공간의 규모와 주거 스타일을 생각한다

식물을 선택하기 전에 먼저 용기정원을 꾸밀 공간의 규모와 주거 스타일을 생각해야 한다. 여기에는 집의 전체적인 면적, 천장 높이, 창문의 크기, 용기가 놓일 공간의 규모 등이 포함된다.

식물 하나 집에 들이면서 집의 면적까지 생각할 필요가 있느냐고 반문할지도 모르겠다. 그러나 집의 면적은 식물을 들일 때 가장 먼저 고려해야 할 사항이다. 집의 면적에 비해 지나치게 큰 식물을 실내에 들이면, 다른 식물은 물론 가구까지도 왜소해 보여 전체적인 실내 분위기를 망치게 된다.

호텔이나 대형 건물의 로비에서 멋들어지게 가지를 뻗은 나무를 보고 감동을 받았다면, 그 크고 멋진 나무 대신 자신의 집에 어울리면서도 그런 느낌과 효과를 줄 수 있는 대용품을 찾아보자. 예를 들어 3미터 이상 자라는 켄티아야자Kentia palm의 멋에 반했다면, 그 대신 1미터 정도로 자라면서도 쭉쭉 뻗는 느낌을 감상할 수 있는 아레카야자를 선택하면 된다. 또 같은 종류 중에서도 다 자라 위용을 과시하는 나무 대신 아직 덜 자란 것을 선택해 키우면서 가지치기 등을 통해 크기를 조절할 수도 있다.

식물을 들일 공간에서 사람의 눈높이가 어디쯤인지에 대해서도 고려해야 한다. 바닥에 앉아 있는 시간이 많은 공간에 키가 큰 식물을 들이면 그 식물의 줄

거실 면적에 비해 텔레비전이 너무 크면 얼핏 보기에도 어색하고 생활하는 데도 불편하듯이, 식물도 놓일 공간과 조화를 이루지 못하면 애물단지가 되고 만다. 대형 건물 로비의 켄티아야자(왼쪽)가 맘에 들었다면, 그보다 아담한 우리집 거실에는 그보다 작게 자라는 아레카야자가 제격일 것이다.

기만 감상하게 될 것이다. 이 경우에는 옆으로 다보록하게 자라거나 키가 작은 식물을 높지 않은 용기에 심어 바닥에 두는 것이 좋다. 반면에 의자에 앉거나 서 있는 시간이 많은 공간에서 옆으로 자라는 식물을 바닥에 놓는 것 또한 바람직하지 않다. 이때에는 키가 좀 큰 식물을 선택하거나 받침대 등을 이용해 일정한 높이에 올려놓아 용기와 식물을 동시에 감상하는 게 좋다.

집집마다 또는 방이나 거실 등의 공간 특성에 따라 고유의 주거 스타일이 있다. 건물의 외형과 내부의 인테리어가 현대적인가 고전적인가, 정형적인가 비정형적인가, 한식인가 양식인가, 전원풍인가 도시풍인가를 점검하고 그 분위기에 맞는 용기와 식물을 선택해야 할 것이다.

아주 현대적인 스타일의 집에는 현대적인 감각의 용기와 잎의 선과 골격이 뚜렷하고 대담한 식물이 잘 어울린다. 반면에 고전적인 분위기의 집에는 자잘한 잎들로 부드러운 분위기를 연출하는 식물이 잘 어울린다. 이렇듯 집 안의 전체적인 분위기에 맞는 용기와 식물이 무난하지만, 때로는 정반대의 조화도 독특한 멋을 창출할 수 있다. 다만, 전체적인 조화를 깨뜨리는 파격은 디자인감각을 훈련한 후에 시도해 보는 것이 위험을 줄일 수 있는 방법이다.

야외정원을 설계할 때는 식물의 색깔보다 형태에 더 중점을 두는데, 실내 용기 정원에서도 디자인적인 면을 고려할 때는 식물의 형태가 매우 중요하다. 식물이 어떤 모양을 이루며 자라는지를 미리 알고 있으면 용기를 둘 공간의 분위기와 눈높이에 따라 가장 적합한 식물을 선택할 수 있다.

식물마다 다양한 모양을 하고 있지만 식물의 형태는 크게 다섯 가지로 분류할 수 있다. 첫째, 하늘을 향해 곧게 자라는 직립형이 있다. 산세비에리아, 고무나무, 드라세나 산데리아나, 엽란, 극락조화, 대나무, 유카 등이 여기에 속한다. 이러한 형태의 식물들은 용기에 단독으로 심을 때 그 특징이 더 잘 나타난다.

두 번째로는 중앙에서 방사상으로 나는 잎의 근원이 원통형으로 겹쳐지며 납작하게 자라는 로제트형이 있다. 프리뮬러, 아스플레늄, 틸란드시아, 아프리카제비꽃, 글록시니아 등이 이 형태로 자란다.

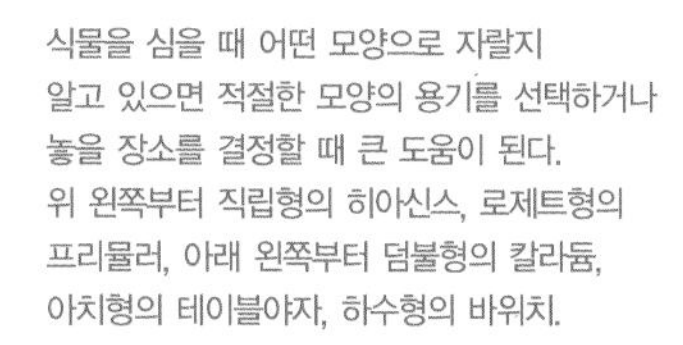
식물을 심을 때 어떤 모양으로 자랄지 알고 있으면 적절한 모양의 용기를 선택하거나 놓을 장소를 결정할 때 큰 도움이 된다. 위 왼쪽부터 직립형의 히아신스, 로제트형의 프리뮬러, 아래 왼쪽부터 덤불형의 칼라듐, 아치형의 테이블야자, 하수형의 바위치.

세 번째로는 관목형 또는 덤불형이 있는데, 직립으로 군집해서 자라는 덤불 형태의 식물 유형이다. 즉, 위로 자라지만 옆으로도 퍼지면서 자라는 식물들이다. 브로왈리아, 베고니아, 콜레우스, 히포에스테스, 시클라멘 등이 여기에 속한다.

네 번째로는 잎자루나 줄기, 가지 등이 뿌리에서 완만한 곡선을 그리며 퍼져 전체가 아치형을 이루며 자라는 식물들이 있다. 공기 정화 기능이 뛰어난 스파티필름, 보스턴야자, 테이블야자 등이 여기에 속한다.

마지막으로 공중걸이나 창가걸이에 적합한 하수형下垂形, trailing이 있다. 아래로 늘어지면서 자라는 이 형태의 대표적인 식물로는 아이비와 스킨답서스를 꼽을 수 있다.

잎의 형태는 식물의 전체적인 형태 못지않게 중요하다. 잎의 대소, 모양, 질감에 따라 어울리는 분위기와 공간이 달라진다. 작고 자잘한 잎이 복잡하게 자라는 아디안툼 같은 식물은 화려한 벽지로 도배된 방에는 어울리지 않는다. 반면, 잎이 크고 선이 굵은 극락조화나 알로카시아 등은 현대적인 스타일의 거실에는 잘 어울리지만 로맨틱한 분위기의 침실에는 전혀 어울리지 않는다. 이런 곳에는 잎이 하늘하늘 부드러운 아스파라거스나 아디안툼 등이 제격이다.

공간과 식물의 색을 생각한다

어떤 색의 식물을 집 안에 들일지는 극히 개인적인 취향에 따라 달라진다. 그러나 색은 실내 분위기를 좌우하는 아주 중요한 요소이므로, 식물을 들이고자 하는 공간의 색감과 식물의 색이 조화를 이루는지 미리 생각해 봐야 한다. 디자인적으로 별다른 특징이 없는 실내에도 독특한 색의 식물을 배치함으로써 전혀 다른 분위기를 연출할 수 있다.

각각의 색은 서로 다른 느낌을 준다. 붉은색과 노란색은 따뜻하고, 푸른색과 녹색은 좀 차가운 느낌이다. 흰색은 맑고 순결한 느낌에 명상적인 분위기를 연출하는 반면, 극락조화가 내뿜는 강렬한 오렌지빛은 남미의 작열하는 태양을 연상하게 한다.

우리 주변에는 서로 다른 색들이 연출하는 특별한 효과에 대해 천부적으로 잘 아는 사람들이 있다. 이들은 별다른 교육과 훈련 없이도 손쉽게 색의 조화를 연출해 내지만, 일반인들도 다양한 시도와 경험을 통해 자신만의 독특한 색 분위기를 만들어낼 수 있다.

용기정원의 색을 선택할 때는 두 가지 측면, 즉 조화와 대비를 생각해야 한다. 색의 조화를 이루고자 한다면, 한 가지 색조로 진한 것에서 중간을 거쳐 연한 것으로 연속적이고 점진적으로 배합하거나 인접색을 배치하는 것이 무난하다. 반면, 공간을 분할하고 시선을 옮기는 효과를 기대한다면 보색을 선택해 대비를 이루는 것도 좋은 방법이다. 보통은 따뜻한 색은 따뜻한 색끼리, 찬 색은 찬 색끼리 점진적으로 배합하는 것이 보다 조화로워 보인다.

흰색에서 시작해 점점 붉은색을 띠도록 배치했다. 이처럼 연한 색에서 점점 진한 색으로 배치하면 어떤 색이든 더 친밀하고 조화로워 보인다. 비슷한 색감의 아프리카봉선화와 제라늄 화분을 연한 색에서 점점 진해지도록 배치했다.

또 따뜻한 색은 공간과 공간 사이를 가까워 보이게 하고, 차가운 색은 멀어 보이게 한다. 따라서 좁은 방에는 차가운 색 계통의 관엽식물을 두는 게 방을 좀더 넓어 보이게 하는 방법이다. 방의 가구나 카펫 등이 너무 어둡고 칙칙한 느낌일 때에도 따뜻한 색의 식물을 들이면 활기를 불어넣을 수 있다. 이 경우 보색의 식물 또한 밝고 경쾌한 분위기를 연출한다.

계절과 공간의 특성에 따라 식물의 색을 잘 선택하면 집 안 분위기를 편안하고 안정적으로 연출해 심리적인 안정을 얻을 수 있다. 푸른색 계열의 꽃은 여름에 시원한 느낌을 준다. 푸른색은 특히 숙면을 유도한다고 하므로, 보라색이나 푸른색 계통의 꽃이나 잎을 가진 식물을 침실에 들이면 숙면에 도움을 받을 수 있다. 푸른색 계통의 꽃식물로는 아프리카제비꽃, 수국, 초롱꽃, 프리뮬

식물은 저마다 독특한 색을 가지고 있다. 그 색을 잘 활용하면 실내 공간 또는 다른 식물들과 조화를 이뤄 멋진 분위기를 연출할 수 있다. 위 왼쪽부터 안수리움, 포인세티아, 클레마티스, 가운데 왼쪽부터 극락조화, 백일홍, 스파티필룸, 아래 왼쪽부터 아프리카제비꽃, 크로커스.

러, 용담, 도라지, 용머리 등이 있으나 실내에서 기를 수 있는 것은 아프리카제비꽃과 수국 정도다.

붉은색은 실내에 포인트를 만들어 생동감과 리듬감을 준다. 붉은색 계열의 식물로는 안수리움, 칼랑코에, 포인세티아 등이 있다. 또 실내 환경을 밝고 따뜻하게 만드는 노랑이나 주황색 계열의 식물을 주방이나 식탁 쪽에 배치하면 식욕 촉진 효과를 볼 수 있다. 주황색 계열의 꽃으로는 군자란, 극락조화, 크로톤, 아펠란드라 등이 있다.

흰색은 실내 공간 어느 곳에든 잘 어울리며 서로 다른 색들의 완충 역할을 하여 조화를 이끌어낸다. 흰색 식물로는 클레로덴드럼, 재스민, 꽃치자, 스파티필룸 등이 있다.

식물의 질감을 생각한다

아름다운 용기정원을 만드는 데 식물의 형태와 색깔만큼 중요한 요소가 바로 식물의 질감이다. 공간의 분위기를 한층 돋워주는 질감의 식물을 선택하기 위해서는 무엇보다 먼저 그 공간의 특성을 파악해야 한다. 만약 침실의 협탁 위에 용기정원을 꾸미고 싶다면, 부드러운 질감의 식물을 선택하는 것이 좋다. 반면, 화려하고 당당하고 큰 잎을 가진 식물은 좀더 넓고 밝은 공간에 두어야 공간의 분위기도 살리고 식물의 아름다움도 제대로 감상할 수 있다.

식물의 질감을 선택할 때 두 번째로 고려할 점은 용기의 특성이다. 용기는 식물의 질감에 맞춰 선택하는 게 제일 무난하다. 식물의 질감이 부드럽다면 용기도 따뜻한 색의 토분이나 도자기분으로 선택하는 게 좋다.

질감의 대비에 따라 공간이 넓게 혹은 좁게 보일 수도 있으니 이 점에도 유의해야 한다. 예를 들어 좁은 공간에 놓일 용기정원을 디자인한다면, 그 공간이 좀더 넓고 입체감 있어 보이도록 잎의 질감이 거친 팔손이 등의 식물을 앞쪽에 배치하고 뒤쪽에 부드러운 질감의 식물을 두어 시각적으로 깊이감을 연출할 수 있다. 거친 질감의 식물로는 몬스테라, 파키라, 팔손이 등이 있고, 부드러운 것으로는 아디안툼, 히포에스테스, 아스파라거스 등이 있다.

왼쪽은 잎이 자잘하고 풍성하며 덤불형으로 자라는 에스키난서스를
깨끗한 느낌의 흰색 도기에 심었다. 오른쪽의 잎이 크고 무늬가 독특한 안수리움은
부드러운 느낌의 셀라기넬라로 받쳐 단순하면서도 좀 묵직해 보이는 토분에 심었다.

식물의 향기를 생각한다

파인애플세이지

헬리오트로프

라벤더

로즈메리

멜로

장미

히아신스

향기는 기본적으로 디자인 요소가 아니지만 디자인이 창출하는 이미지를 더욱 강화할 수 있는 요소다. 향기로운 꽃향기는 사람을 활기차게 하고 정서적으로도 안정감을 준다. 최근 식물의 향기에 대한 관심이 커지고 연구가 활발해지면서 '아로마테라피향기요법'라는 새로운 분야가 각광을 받고 있다.

식물의 향기는 무척 다양하다. 백합이나 치자 등 강한 향기를 발산하는 식물이 있는가 하면, 향이 있는 듯 없는 듯 은은한 식물도 있고, 야래향夜來香과 같이 특정한 시간이 되어야 향을 발산하는 식물도 있다. 대부분의 허브는 잎을 문지를 때 그 특유의 향을 뿜는다.

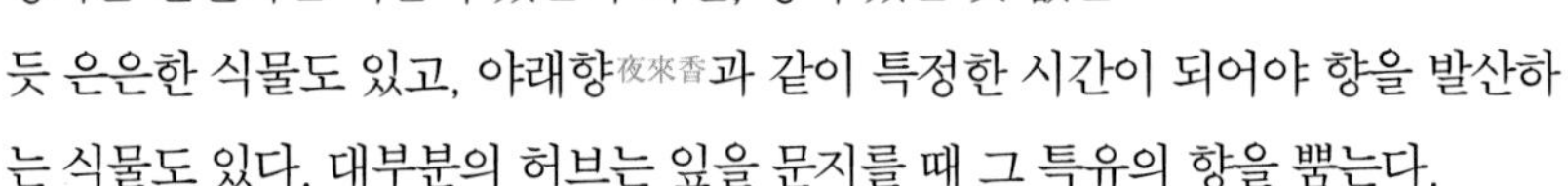

용기정원을 디자인할 때 이러한 식물의 향기 요소를 고려하면 치료효과까지 얻을 수 있다. 하지만 될 수 있는 대로 한두 가지 향으로 제한하는 것이 좋다. 치자, 히아신스, 백합 등을 인접한 곳에 함께 두면 진한 향이 서로 섞여 오히려 사람을 피곤하게 만들 수 있으니 주의해야 한다.

습도와 온도는 향기가 나는 시간과 강도, 향의 유지에 영향을 미친다*. 습도는 향을 짙게 하므로 향을 좀더 오래 좀더 강하게 즐기고 싶다면 실내 습도 유지에 신경을 써야 한다. 또 야외에 향이 강한 식물을 심었을 경우에는 주변에 연못이나 늪지를 조성하면 향을 좀더 오래 즐길 수 있다.

향기는 식물이 분비하는 독특한 화학물질에 기인하는 것으로, 향과 맛은 긴밀한 관계가 있어 맛의 75퍼센트가 실은 향이라고 주장하는 학자도 있다. 그래서인지 향을 표현하는 단어에는 레몬, 초콜릿, 사과 등의 어두가 흔히 쓰인다.

달콤한 향이 나는 식물로는 오렌지나 딸기같이 과일향 나는 것이 많으며, 유칼립투스·타임·세이지·라벤더 등 허브류는 주로 강한 향을 내뿜는다. 중간 향으로는 치자, 다프네, 바질, 캐모마일 등이 있다. 이중 라벤더와 바질의 향은 우울한 기분을 풀어주는 데 효과가 있는 것으로 알려져 있다. 이외에도 쑥, 방아풀, 당귀, 들깨, 참깨와 같이 우리에게 친숙한 자생허브도 향을 통해 정감어린 향수를 느낄 수 있는 향기식물들이다.

*Frowine, S. A. | Fragrant Orchid | p. 14 | Timber Press

요즈음 각광받고 있는 아로마테라피의 재료는 주로 허브다.
이 사진은 허브를 말리는 모습인데, 깨끗하게 씻은 후 이렇게 말려서
차로 끓여 마시면 허브향을 그대로 맛볼 수 있다.

어떤 용기에 심을까?

'용기정원'이라는 이름이 암시하듯이, 식물을 심는 용기는 단지 식물을 담는 그릇일 뿐 아니라 용기정원의 디자인을 좌우하고 실내 분위기를 변화시키는 중요한 요소다. 아무리 예쁜 식물이라도 어울리지 않는 용기에 심으면 그 아름다움이 반감될뿐더러 그 공간의 분위기까지 엉망이 되고 만다.

형형색색에 갖가지 모양을 자랑하는 다양한 용기 중에서 자신이 심을 식물과 용기정원을 꾸밀 공간의 특성에 맞춤한 용기를 선택하는 것은 봄 꽃시장에서 식물을 고르는 것 못지않게 즐거운 일이다. 또한 시중에서 판매되고 있는 일반적인 화분 외에도 바구니, 나무상자, 돌절구, 항아리 뚜껑은 물론 스티로폼 상자까지, 용기로 사용할 수 있는 것은 우리 주변에 무궁무진하다.

실내 디자인을 살리는 용기의 크기와 모양

용기를 선택할 때 최우선적으로 고려할 것은 물론 용기정원을 꾸밀 공간의 분위기다. 가구의 색과 재질, 침실이나 거실 등 공간의 목적과 특성, 집 전체의 스타일 등을 고려해 용기의 형태와 재질을 선택해야 한다.

어느 정도 크기의 용기에 심을까?

식물을 심을 용기는 대체로 넓이가 식물의 뿌리 폭보다 사방으로 2~3센티미터 여유가 있어야 하고, 깊이는 뿌리 밑으로 15센티미터 정도 여유가 있어야 한다. 한해살이식물처럼 생육기간이 짧은 식물이라면 뿌리가 차지할 공간에 대해 크게 신경쓰지 않아도 되지만, 벤자민고무나무 등 여러해살이 나무의 경우에는 뿌리가 충분히 자랄 공간을 고려해 용기를 선택해야 한다. 그렇다고 너무 큰 용기에 심으면 흙이 과습 상태가 되기 쉬우므로, 식물 크기의 1.5배 정도 되는 것을 선택하는 게 좋다. 일반적으로 식물을 구입할 때 담겨 있던 플라스틱 화분에 비해 깊이와 지름이 5센티미터 정도 크면 무난하다.

한해살이식물이나 구근은 조금 빽빽하게 심는 것이 원칙이다. 간혹 용기 속에서 뿌리가 계속 자라는 것도 있지만, 대부분은 성장이 이미 멈춘 상태라고 보기 때문이다. 식물이 자랄 것에 대비해 대형 플랜터나 화분에 간격을 좀 두고 심으면 생각만큼 풍성하게 자라지 않아 빈약해 보이기 십상이다. 특히 팬지나 프리뮬러 등을 창가걸이 용기에 심을 때는 좀 빽빽하다 싶을 정도로 심어야 꽃이 피면서 풍성하고 아름다운 장식효과를 볼 수 있다. 재배기간이 길면 여러 가지 문제가 발생할 수 있지만 한해살이는 재배기간이 짧기 때문에 물을 자주 주고 아주 묽은 액비를 함께 주면 식물이 잘 자라고 꽃도 오래 핀다.

일반적으로 노지에 심을 때 20~25센티미터의 간격을 두는 식물이라면 용기

생육기간이 길지 않고 뿌리가 깊이 뻗지 않는 한해살이 초화는 용기에 꽉 차게 빽빽하게 심는 게 보기 좋다. 장독대 앞의 돌용기에 심은 팬지.

에 심을 때는 10~15센티미터를 띄어 심고, 키가 20~25센티미터로 자라는 것은 용기의 깊이가 최소한 16센티미터는 되어야 한다.

어떤 모양의 용기에 심을까?

용기정원에서 아름다운 용기를 선택하는 것은 아름다운 식물을 선택하는 것만큼이나 중요하다. 모양과 색이 좋고 주위 환경과 잘 어우러진 용기는 실내 분위기를 단번에 화사하게 만든다. 하지만 아무리 아름다운 용기라도 그 안에 심긴 식물과 조화를 이루지 못하면 아무 소용이 없다.

용기정원의 용도, 식물의 크기와 형태에 따라 여러 가지 모양의 용기를 선택

최근 실내식물에 대한 관심이 커지면서 시중에 정말 다양한 모양의 용기가 나와 있다. 심을 식물의 자라는 습성과 형태, 용기를 놓을 공간의 특성을 고려해 적당한 모양을 선택하면 된다. 위 왼쪽부터 시계방향으로 직립성 식물에 알맞은 기본 모양, 접시정원 꾸미기에 알맞은 낮은 용기, 장식 효과를 배가할 수 있는 목이 긴 모양, 공중걸이에 알맞은 가벼운 용기.

할 수 있는데, 여기서는 기본적인 모양의 일반 화분과 접시정원용 낮은 용기, 걸이용 화분 등의 선택 기준에 대해 알아보자.

기본 모양의 용기는 대부분 원형이고 넓이보다 깊이가 깊어서 뿌리가 잘 자라도록 되어 있다. 대부분의 토분이나 플라스틱분이 이 모양이다. 일반적으로 '소형'이라 하면 지름이 20센티미터 정도의 화분7호분으로, 한해살이나 여러해살이 초화를 몇 포기 모아심거나 어린 관목류 한 그루를 심을 만하다. '중형'은 지름이 30센티미터 정도의 화분10호분을 말하며, 1~2년생 초화류를 6~10포기 모아심거나 중간 크기의 관목을 심기에 좋다. 지름이 45센티미터 이상 되는 화분15호분을 '대형'이라 하며, 크게 자라는 관엽식물이나 관목을 심는데 무거워서 옮기기가 쉽지 않으므로 놓을 자리를 처음부터 잘 정해야 한다.

높이보다 넓이가 넓은 용기를 '낮은 용기'라 한다. 주로 사각, 원형, 타원형이 많은데 뿌리가 낮게 퍼지는 식물을 심거나 파종용 화분으로 쓴다. 선인장, 다육식물, 분재식물 등을 주로 심는데 접시정원을 만들거나 구근 또는 수생 식물을 심을 때도 자주 이용된다.

창가걸이나 공중걸이 용기는 일단 재질이 일반 화분과 다르다. 무게를 줄이기 위해 철이나 나무 등 가벼운 재질로 만든 화분을 이용한다.

넓이에 비해 깊이가 깊고 목이 긴 용기는 옆으로 퍼지거나 밑으로 늘어지는 식물을 심는 데 적합하다. 특히 입식생활을 하는 공간에서 렉스베고니아와 같이 잎이 다보록하게 옆으로 자라는 식물을 제대로 감상하려면 밑에 받침대를 놓아야 하는데, 이때 목이 긴 화분을 이용하면 식물도 마침맞게 감상할 수 있고 그 자체로 장식효과도 있어 일석이조의 효과를 거둘 수 있다.

이러한 모양 외에도 용기의 재질과 색 또한 눈여겨보아서 식물이나 주변 환경과 어울리는 것을 선택해야 한다. 튤립처럼 잎이 두껍고 단순한 모양의 식물은 유리 용기나 토분 또는 나무 용기에도 잘 어울리지만, 여리고 자잘한 잎을 가진 식물은 딱딱한 재질의 용기와는 어울리지 않는다.

색의 경우 워낙 여러 가지 조합이 있다 보니 굳이 원칙을 정할 필요는 없지만, 식물에 비해 색이 너무 화려하거나 복잡한 디자인은 좋지 않다. 용기정원의 주연은 어디까지나 식물이라고 할 수 있다. 조연이 너무 튀어서 주연을 초라하게 만드는 일은 없어야겠다.

식물을 살리는 재질의 용기

최근 용기정원이 실내장식의 주요 요소로 자리잡으면서 용기의 재질과 모양 또한 많이 다양해졌다. 다만 너무 장식적인 효과를 강조하다 보니, 용기가 식물의 생육에 어떤 영향을 미칠지에 대해서는 미처 생각하지 못하는 경우가 많은 듯하다. 용기의 재질에 따라 통기성 등이 달라져 식물의 생육에 큰 영향을 미칠 수 있으니, 용기의 재질을 선택할 때는 이 점 또한 신중하게 고려해야 할 것이다.

식물의 생육에 가장 적합한 토분

흙으로 구워 만든 토분은 시중에서 쉽게 구할 수 있는데 그 크기와 모양이 매우 다양하다. 자연소재인 진흙으로 구웠기 때문에 통기성이 좋아 뿌리 생육에 가장 적합한 용기라고 할 수 있다. 질박한 멋을 대표하던 토분은 최근 '테라코타terra-cotta'라고 불리면서 장식효과까지 가미되어 큰 인기를 끌고 있다.

토분은 무수히 많은 작은 구멍이 있어 식물의 생육에는 좋지만 용기 표면에서의 수분 증발이 빨라 물주기에 유의해야 한다. 특히 습기를 좋아하는 습생식물에는 그다지 좋은 용기가 못 된다. 약간 무겁고 깨지기 쉽다는 단점도 있다.

How To 고색창연한 토분 만들기

- 시중에서 여러 가지 디자인의 토분을 쉽게 구할 수 있지만 갓 구워낸 토분은 붉은색이 너무 진해 그윽한 맛이 없다. 토분은 식물을 심고 해가 지날수록 이끼도 끼고 비료 성분에서 우러난 염분으로 희끗희끗해지면서 점점 멋을 더해간다.
- 이렇게 세월의 흔적이 스며 고색창연한 토분을 시중에서 구할 수는 없지만, 간단한

흙으로 구워 만든 토분은 세월의 더께가 앉으면서 더 멋스러워진다.

처리로 새 토분을 빠른 시간 안에 '헌 화분'으로 변신시킬 수 있다. 요구르트나 유기질 비료를 물에 타서 화분 바깥에 발라주면 이끼나 미생물의 작용이 활발해져 곧 세월의 멋을 자랑하게 된다.

물주기에 주의해야 하는 도자기 화분

도자기 화분은 토분과 마찬가지로 자연소재인 흙으로 빚은 용기지만, 그 표면에 유약을 발라 구워낸 것이라 공기와 수분의 유통이 자유롭지 못하다. 따라서 흙 표면이 말랐을 때 물을 주어서 너무 습하지 않도록 유지해야 뿌리썩음병을 예방할 수 있다.

도자기 화분은 또 모양이나 색이 화려하고 매력적이어서 충동적으로 이것저것 사들이게 되기 쉽다. 그런데 미적 감각이 뛰어나지 않은 보통사람들은 도자기와 식물, 도자기와 도자기 사이의 조화를 이루기가 쉽지 않다. 따라서 난 등 귀한 식물을 단독으로 심을 때 말고는 도자기를 구입하기 전에 집 안의 가구나 기존 화분들과의 조화를 충분히 고려해야 한다.

모아심기나 장식용 용기에 유용한 플라스틱 화분

플라스틱 용기는 가볍고 값이 싸며 이동하기 쉽다는 장점 때문에 많이 이용되고 있다. 특히 화원이나 꽃시장에서는 대부분 플라스틱 화분에 식물을 심어 판매하고 있다. 플라스틱 화분은 수분이나 공기가 드나들 구멍이 전혀 없으므로 물주기에 각별히 신경을 써야 한다. 물을 좋아하는 식물은 별 문제가 없지만, 대부분의 식물이 과습한 상태에서는 뿌리 생장이 좋지 않고 이러한 상태가 오래 지속되면 혐기성嫌氣性 미생물이 자라 뿌리가 썩을 수도 있다.

옥상정원이나 발코니정원을 꾸밀 때는 하중을 최대한 가볍게 해야 하므로 플라스틱 용기를 이용하는 것이 좋다. 또한 큰 용기에 여러 식물을 모아놓을 때나 물빠짐구멍이 없는 큰 화분에는 구입한 플라스틱 화분에서 식물을 뽑아내지 않고 그대로 넣는 게 관리하기에 더 편리하다.

자연미가 돋보이는 나무 용기

요즘 시중에서는 통나무 속을 파내 만든 화분, 야자열매 껍질이나 조각나무로 엮은 화분 등 나무 용기가 많이 판매되고 있다. 이들은 자연재질이기 때문에 보기에 친숙하고 정겨울 뿐 아니라, 통기성이 좋고 스스로 수분을 흡수해 뿌리 생육에 적당한 환경을 만들어주는 등 장점이 많다. 하지만 토분과 같이 물의 증발이 빠르고 시간이 지남에 따라 부식할 우려가 있다. 이를 보완하기 위해 내부에 비닐을 대거나 니스 등으로 표면을 처리하기도 하는데, 이 경우 공기와 수분의 유통을 제한해 장점이 약화될 수 있다.

장식효과가 좋지만 온도에 민감한 금속 용기

현대적인 감각의 금속 용기는 장식효과가 큰 재질이다. 그러나 햇빛을 받으면 금방 뜨거워지고 겨울에는 쉽게 차가워져 보온성이 떨어지는 단점이 있다. 따라서 금속 재질의 용기를 쓸 때는 단열효과를 낼 수 있는 스티로폼으로 안을 두르거나 플라스틱 화분을 그대로 넣는 게 좋다.

여름에 특히 사랑받는 유리 용기

유리 용기는 수경재배나 테라리움에 많이 이용되고 있다. 유리 용기에 물을 담아 식물을 기르면 그 싱그럽고 시원한 느낌이 배가되기 때문에 특히 여름에 실

여러 가지 유리 용기.

물뿌리개 모양의 철제 용기에
주머니꽃을 심었다.

내장식 효과를 톡톡히 볼 수 있다. 그러나 햇빛에 직접 노출되면 물 온도가 올라가 식물 생육에 부적합해지고 파란 이끼가 낄 수 있으므로, 직사광선은 피하고 이끼가 생기지 못하도록 물을 자주 갈아주어야 한다.

유리용기는 대부분 밑에 물빠짐구멍이 없으므로 수생식물이 아닌 경우에는 바닥에 하이드로볼이나 자갈을 깔아 배수층을 만들고 물을 자주 주지 말아야 한다.

장식효과에 초점을 맞춘 장식 용기

실내식물의 장식효과가 강조되면서 일반 식물재배용 화분과 달리 밑에 물빠짐구멍이 없고, 재질도 식물 생육과는 관계없어 보이는 용기를 자주 보게 된다. 이들의 목적은 철저하게 장식효과에 맞춰져 있어 식물의 생육에는 부적합한 경우가 많다. 따라서 이러한 장식 용기cachepot를 사용할 경우에는 반드시 그 안에 식물이 자랄 수 있는 플라스틱분이나 토분 등 일반 화분을 그대로 넣는 게 좋다. 또한 용기가 너무 화려하면 오히려 전체적인 균형을 깨뜨려 장식효과까지 감소될 수 있다는 점을 잊지 말아야 한다.

어떻게 심을까?

사람들은 대개 식물 심기를 어려워한다. 대부분 화원에서 사온 그대로 키우다가 식물이 성장하면 또 화원으로 가져가 분갈이를 부탁하곤 한다. 그러나 식물을 심는 것은 그다지 어렵거나 귀찮은 일이 아니다. 간단한 방법만 익히면 된다. 집 안이 온통 흙범벅이 되지 않을까, 손이 상하지 않을까, 식물이 곧 죽어버리지 않을까 고민할 필요도 없다.

게다가 요즈음에는 농장에서 식물을 기를 때 대부분 검은 폴리에틸렌분을 이용하는데, 시중에 출하할 때 그 폴리에틸렌분을 그대로 플라스틱 화분에 넣어 넘기는 경우도 있다. 또 대형 화분의 경우 밑을 흙으로 모두 채우지 않고 스티로폼이나 다른 불량 재료를 넣는 경우가 있으므로, 식물을 구입한 후에는 화분을 잘 검사하고 결함이 있을 때는 다시 심어서 키우는 게 좋다.

용기정원의 시작, 식물 심기

용기에 식물을 심기 전에 먼저 한 종류의 식물을 심을지, 아니면 여러 종류의 식물을 모아심을지를 결정해야 한다. 이는 개인적인 취향뿐만 아니라 용기정원을 꾸밀 공간의 특성과 용기의 크기나 모양에 따라 달라질 수 있다.

한 용기에 한 종류의 식물 심기

하나의 용기에 한 종류의 식물을 심으면 단조롭기는 하지만 간결하고 관리하기에 용이하다는 장점이 있다. 따라서 초보자는 이 방법부터 시도하는 게 좋다. 또 한 종류의 식물이라도 용기가 넘치도록 심으면 풍성한 멋을 즐길 수 있다.

How To

1. 작업을 하기 한두 시간 전에 화분에 물을 충분히 준다.
2. 사용하던 용기를 다시 쓸 때는 아차염소산액(일반적으로 '락스'라고 부르는 용액의 주성분)과 물을 1 : 9(멸균 목적이라면 1:4)의 비율로 희석한 용액에 하룻밤 정도 담가두었다가 소독액 냄새가 나지 않을 때까지 깨끗한 물로 헹군 후 사용한다. 또 용기가 토분일 경우에는 몇 시간 전에 물에 담가서 화분이 물을 충분히 흡수하도록 한다. 마른 화분에 식물을 심으면 화분이 물을 모두 흡수해 버리기 때문이다.
3. 용기 밑의 물빠짐구멍으로 흙이 빠져나가지 않도록 깨진 화분조각 중 큰 것을 가운데 놓고 그 위에 작은 조각이나 자갈 또는 난석을 깐 다음 흙을 조금 덮는다.
4. 검지와 장지를 식물 좌우에 넣고 구입한 폴리에틸렌 화분을 거꾸로 든 다음 화분 벽을 툭툭 치면서 식물을 빼낸다. 잘 빠지지 않는 경우에는 화분을 다시 바로 놓고 단단한 바닥에 탁탁 내리친 후 다시 시도한다. 그래도 빠지지 않으면 물빠짐구멍으로 삐져나온 뿌리가 없는지 확인하고, 있으면 모두 자른 후 화분 안쪽 벽을 따라 칼을 한 바퀴 돌려 식물을 뽑아낸다.
5. 뽑아낸 식물의 뿌리 부분을 살살 흔들어 이물질과 죽은 뿌리를 제거한다. 필요한 경

화원에서 폴리에틸렌분에 심겨진 콜레우스를 사다가 작은 화분에 옮겨심었다. 식물을 옮겨심고 난 다음에는 뿌리가 자리를 잡을 수 있도록 물을 충분히 주어야 한다.

우에는 칼이나 가위를 사용해 뿌리를 다듬는다.

6. 식물을 새 용기에 넣어 높이를 가늠한 후 적당한 높이로 흙을 넣어준다. 이때 흙은 시중에서 판매하는 원예용토를 쓰면 무난하다. 선인장이나 난 등 특수한 경우에는 직접 용토를 제조하여 사용한다196쪽 참조.
7. 용기의 중심에 식물을 놓고 주위를 흙으로 채운다. 용기 입구에서 1~2센티미터 아래까지만 채워야 물을 줄 때 흙이 튀거나 물이 넘치지 않는다. 흙을 다 채운 후에는 손으로 가만가만 눌러 공기를 빼준다.
8. 물을 충분히 주어 뿌리가 자리잡게 한 후 직사광선을 피해 반그늘에 둔다.

How To 배수용 자갈 깔기

난석

- 용기 바닥의 구멍을 막은 후에는 물빠짐이 잘되도록 배수용 자갈을 까는데, 모종을 키우는 작은 용기는 자갈을 깔아줄 필요가 없고, 지름이 15센티미터 이상인 것부터 용기 높이의 5분의 1까지 깔면 된다.
- 용기가 작을 때는 구멍을 망사로 막고 굵은 모래를 깔아 물빠짐을 좋게 할 수 있지만, 용기가 큰 경우에는 굵은 난석하이드로볼 등이나 스티로폼 등을 잘게 부숴 깔아준다.

Tip 분화를 살 때 주의할 점

● 이런 것을 사라

- 꽃보다 잎을 주의 깊게 본다. 일정한 간격으로 밝은 녹색 잎이 난 식물이 건강하다.
- 줄기가 굵고 강해 보이는 것을 선택한다.
- 꽃식물을 살 때는 현재 핀 것보다 봉오리가 많은 것을 택한다. 단, 국화와 미니장미의 경우 꽃봉오리가 맺혀 있어도 실내에서는 거의 피지 못하므로 만개된 것을 고르는 게 현명하다.

● 이런 것은 절대 사지 마라

- 잎이 병들었거나 시든 것은 쳐다보지도 마라.
- 줄기가 가늘고 약해 보이는 것은 곧 죽기 쉽다.
- 화분과 흙 사이에 틈이 보이는 것은 쉽게 말라버릴 우려가 있다.
- 꽃이 거의 다 핀 것은 더 이상 꽃을 보기 어렵다.
- 잎이 떨어져나간 흔적이 있는 것은 피해라.
- 잎이 누르스름하거나 우글쭈글하거나 반점 또는 흠집이 있는 것은 병해 우려가 있다.
- 잎에 벌레 먹은 흔적이 있거나 줄무늬 또는 얼룩덜룩한 무늬가 있는 것은 바이러스 감염의 우려가 있다.
- 진딧물, 응애, 개각충 등 해충이 보이는 것은 집 안에 있는 다른 식물에게까지 피해를 준다.
- 2중분에 주의해라. 농장에서 키우던 폴리에틸렌분을 그대로 심은 것은 용기가 크더라도 뿌리는 폴리에틸렌분 이상 자라지 못하므로 다시 심어주어야 한다.

용기에 여러 식물을 모아심으면 야외정원을 축소해 놓은 듯한 입체감을 느낄 수 있다. 그러나 생육 조건이 다른 여러 식물을 모아심으면 관리에 낭패를 보기 쉬우므로 미리 식물들의 생태를 공부해야 한다. 식물의 크기와 성장 속도 등도 감안해 치밀하게 설계도를 그린 후 시도하는 게 좋다. 모아심기를 하더라도 너무 여러 가지의 식물을 섞으면 각각의 아름다움이 반감되고 오히려 복잡해 보일 수 있다는 점 또한 잊지 말아야 하겠다.

How To

1. 한 용기에 한 종류의 식물을 심을 때와 같은 방법1~3번으로 사전 준비작업을 한 후에 흙을 많이 채워넣는다. 그래야 여러 식물을 순차적으로 심을 때 먼저 심은 식물이 쓰러지지 않는다.
2. 중심이 되는 식물일반적으로 가장 큰 것을 가운데에 먼저 심는다. 하나의 식물을 심을 때와 달리 미리 흙을 많이 채워넣었으므로 구멍을 파면서 심는다.
3. 한 식물 심을 때와 같은 방법4~6번으로 식물을 심는다. 용기가 크고 많은 식물을 심을 때는 가운데를 높게 하고 가장자리로 나오면서 조금씩 낮아지게 한다. 흙을 다 덮은 후 손으로 다독다독 두드려 공기를 빼주고, 물을 흠뻑 주어 남은 공기를 마저 제거한다.

그다지 크지 않은 긴 상자형 플라스틱 화분에 제브리나,
드라세나 수르쿨로사 등 몇 가지 반엽종 관엽식물을 모아심어
화려한 느낌이 나도록 했다.

식물을 조합하는 몇 가지 방법

용기에 식물들을 조합해 심는 방법에는 동양식과 서양식이 있다. 동양식은 동양식 꽃꽂이 원리를 용기정원에도 적용하는 것으로, 식물들의 높이를 달리해 꼭짓점들이 부등변 삼각형을 이루도록 하면서 전체적인 조화를 이끌어내는 방식이다.

한편 서양식 조합 방법은 부채꼴fan shape, 수직형vertical, 수평형horizontal, 타원형oval, 돔형dome, 비대칭형asymmetry 등 여섯 가지 정형화된 형태로 나눌 수 있다.

부채꼴은 역삼각형의 용기 형태에 적합하며, 이에 어울리는 식물은 주로 칼라듐처럼 부채 모양으로 퍼지면서 자라는 식물들이다.

수직형은 직선으로 자라는 직립형 식물을 식재하는 데 적합하다. 보통 현대적이거나 엄숙한 분위기를 연출하고 싶을 때 적합하다. 이 형태에는 특히 금속 재질의 사각형 용기가 멋스러움을 더한다.

부채꼴 수직형 수평형

타원형 돔형 비대칭형

수평형은 보통 창가걸이에 많이 사용하는 가로가 넓은 직사각형 용기에 키가 비슷한 식물들을 나열하듯 심는 방법이다. 로제트형이나 관목형 식물을 반복적으로 심을 때 효과적이다. 이때 질감이 다른 식물들을 모아심으면 변화감과 율동감을 더할 수 있다.

타원형은 관목형 식물들을 달걀 모양으로 모아심는 방법이다. 덤불형이나 아치형 식물을 질감이 다른 식물들과 모아심으면 자연스러운 원래 형태를 살리면서 각 식물의 다양한 아름다움을 즐길 수 있다.

돔형은 직립형 식물들로 연출할 수 있는 형태다. 매리골드나 아게라툼, 피튜니아, 제라늄 같은 식물들을 돔형으로 모아심으면 각 식물의 아름다움을 두 배로 표현할 수 있다.

마지막으로 비대칭형은 서로 다른 형태와 질감의 식물들을 양쪽에 배치하고 중간에 두 질감을 이어줄 수 있는 혼합색의 부드러운 식물을 심어 자연스러우면서도 도시적인 스타일로 연출할 수 있는 형태다. 이처럼 다양한 질감의 식물을 모아심을 때는 높낮이를 조절해 질감의 대비를 자연스럽게 연출할 수 있다.

씨를 뿌려 식물의 탄생부터 관찰하기

실내에 용기정원을 만들 때는 농장에서 싹을 틔워 어느 정도 키운 모종이나 웬만큼 자란 식물을 사다가 새 용기에 심거나 아예 화원에서 사온 그대로 실내 공간에 두는 경우가 많다. 하지만 직접 씨앗을 뿌리는 과정부터 시작하면 싹이 트고 새싹이 자라는 모습 등 식물의 성장과정을 모두 지켜볼 수 있고 경제적으로도 더 풍성하게 용기정원을 꾸밀 수 있다.

파종용 토분이나 플라스틱 화분, 생선이나 다른 물건이 담겼던 스티로폼 상자, 플라스틱 가식假植판이나 달걀상자 등에 봄꽃의 씨를 뿌려보자. 용기 밑에 구멍을 뚫어 물이 잘 빠지도록 하고, 파종용 흙을 채운다. 작은 씨앗은 흙 위에 흩어뿌리면 되지만, 조금 굵은 씨앗은 연필이나 손가락으로 자리를 만든 후 씨앗을 놓는다. 씨앗 위에 흙을 덮을覆土 때는 보통 씨앗 크기의 세 배 두께로 덮은 후 물을 주면 된다.

물을 줄 때는 씨앗이 튀어오르지 않도록 물뿌리개로 조심스럽게 주어야 한다. 대부분은 위에서 뿌리면 되지만, 씨앗이 아주 작을 때는 물줄기로 인해 흙 밖으로 노출될 우려가 있으므로 씨를 뿌린 용기보다 넓고 낮은 용기에 물을 담고 그 안에 용기를 놓아 물이 밑에서부터 서서히 스며들도록 저면관수해야 한다.

씨앗은 스스로 양분을 저장하고 있기 때문에 굳이 거름기가 있는 흙을 사용할 필요는 없다. 거름기가 발아에 도움을 주기는커녕 오히려 병충해의 온상이 될 수 있기 때문이다. 가볍고 영양분이 없는 흙에 파종했다가 적당한 크기로 성장한 후에 거름기가 함유된 흙으로 옮겨심으면 된다.

Tip 파종용 흙 배합

피트모스 또는 완숙 부엽토	4컵
펄라이트	2컵
질석	2컵

식물이 좋아하는 흙 만들기

식물을 잘 키워내는 비법으로는 관심과 사랑만큼 좋은 것이 없겠지만, 일반적으로 적용되는 몇 가지 기초 기술을 알고 있으면 식물 키우는 재미를 몇 배로 만끽할 수 있다. '아는 만큼 보인다'는 말은 문화재나 미술작품에만 해당되는 얘기가 아닌 듯하다. 식물도 우리가 아는 만큼 의미 있게 보이고, 아는 만큼 사랑하게 되는 게 아닐까?

식물, 용기와 함께 용기정원을 구성하는 필수 요소인 흙은 특히 식물의 지속적인 성장에 가장 중요한 요소라고 할 수 있다. 실내식물이 수분과 양분을 공급받을 수 있는 유일한 공급원이 바로 용기에 담긴 한정된 양의 흙이기 때문이다.

좋은 흙이란?

용기가 아무리 크더라도 그 안에 담긴 흙의 상태가 나쁘면 뿌리가 충분히 뻗지 못해 식물이 제대로 자라지 못한다. 그렇다면 좋은 흙이란 어떤 흙일까?

첫째, 배수가 잘돼야 한다. 물빠짐이 나쁜 흙에 식물을 심으면 뿌리가 썩어 식물이 자라지 못한다. 즉, 때맞춰 물을 줘도 물이 잘 스며들지 못하고 한번 스며든 물은 또 쉽게 빠져나가지 못해 뿌리 주변에 고여서 뿌리를 썩게 만드는 것이다. 따라서 물이 고이지 않고 곧 스며들며, 입자와 입자 사이에 유기물이 적당히 섞여 있어 말랐을 때에도 딱딱해지거나 갈라지지 않는 것이 좋은 흙이다.

둘째, 통기성이 좋아야 한다. 흙 입자 사이에 적당한 공간, 즉 공극空隙이 있어서 공기가 자유롭게 드나들 수 있어야 뿌리가 썩지 않는다.

셋째, 보수력이 좋아야 한다. 물빠짐이 잘되면서도 흙 입자 사이에 물이 어느 정도 오래 머물러 있어야 식물이 그 물을 이용할 수 있다. 대개는 퇴비나 부엽토 등의 유기질이 많이 함유된 흙이 보수력保水力이 좋다. 용기정원에 이용하는 흙은 부엽토, 펄라이트, 피트모스 등을 섞어 보수력을 증진시킬 수 있다.

넷째, 양분을 충분히 가지고 있어야 한다. 좋은 흙은 식물이 자라는 데 필요한 무기염류를 충분히 가지고 있어야 한다. 부엽토나 퇴비 등의 유기질 비료가 섞인 흙은 보비력保肥力이 좋고 무기염류를 공급할 뿐 아니라 통기성이나 보수력 등 물리적인 성질이 좋아진다.

다섯째, 식물에 따라 알맞은 산성도를 가져야 한다. 식물은 일반적으로 중성에서 약산성 정도의 흙에서 잘 자라지만, 식물에 따라 좋아하는 산성도가 다르기 때문에 그에 알맞은 조건을 갖춰주어야 한다. 철쭉, 끈끈이주걱 등은 강산성을 좋아하고 측백나무 등은 알칼리성 흙에서 잘 자란다.

여섯째, 병충해가 없어야 한다. 병원균이나 해충 또는 잡초의 씨가 없는 흙이 좋은 흙이다. 병원균이나 해충은 식물을 병들게 하고, 잡초는 식물에게 갈 양분을 빼앗아 식물이 잘 자라지 못한다.

내 식물에게 특별히 좋은 흙 만들기

예전에는 위와 같은 조건을 모두 충족시키는 흙을 만들기 위해 무척 애를 먹었지만, 요즈음에는 시중에서 판매하는 원예용 흙이 대부분 '좋은 흙'의 조건들을 두루 갖추고 있기 때문에 별다른 어려움 없이 식물을 키울 수 있다. 대부분의 식물은 이런 원예용 흙에서 잘 자라지만, 식물에 따라서는 보완을 해줘야 하는 경우도 있다. 또 식물재배 경험이 쌓이면 시중에서 획일적으로 만들어 파는 원예용 흙보다 자기 집의 환경과 키울 식물에 특별히 더 잘 맞는 배양토를 직접 만들어 쓰는 것을 선호하게 된다.

배양토를 만들 때 기본적으로 사용하는 재료는 밭흙, 강모래, 부엽토, 펄라이트, 버미큘라이트, 지피믹스, 수태이끼, 녹소토 등이다. 먼저 이들 각각의 특성에 대해 살펴보자.

첫째, 바람직한 밭흙은 45퍼센트의 무기물, 5퍼센트의 유기물, 25퍼센트의 공기, 25퍼센트의 수분을 함유한 양질토양壤質土壤, loam이다. 부엽토와 모래가 섞인 부드러운 밭흙이면 대체로 무난하게 쓸 수 있다. 그러나 병원균이나 잡초

위 왼쪽부터 스패그넘모스, 시판되는 배양토, 녹소토, 가운데 왼쪽부터 굵은모래, 버미큘라이트, 지피믹스, 아래 왼쪽부터 난석, 분쇄된 바크, 펄라이트.

씨에 오염되었을 가능성이 있으므로 주의해야 한다.

둘째, 공사장에서 널리 쓰이는 강모래磨砂는 배수성과 통기성은 좋으나 보수력과 보비력이 약하기 때문에 단독으로 쓰기보다는 이를 보완해 주는 다른 흙과 섞어 써야 한다.

셋째, 낙엽을 썩혀서 만든 부엽토腐葉土는 대개 다른 흙과 섞어서 쓰게 된다. 용기정원에 쓸 흙에 부엽토를 섞으면 흙의 물리적인 성질 즉 통기성, 보수력, 보비력 등이 향상되고 비료로서도 역할을 하게 된다.

넷째, 펄라이트는 진주암을 고열처리해 만든 인공흙이기 때문에 잡초씨와 병원균이 없다는 장점이 있다. 그래서 씨를 뿌리거나 꺾꽂이를 할 때, 또는 수경재배 등에 널리 이용된다. 그러나 싹이 튼 후에는 영양분을 공급해 주어야 한다.

다섯째, '질석'이라고도 불리는 버미큘라이트는 운모를 고열처리해 만든 인공흙으로, 펄라이트와 마찬가지로 씨를 뿌리거나 꺾꽂이를 하는 흙으로 많이 쓰인다.

여섯째, '이끼'라고도 할 수 있는 수태에는 피트모스peat moss와 스패그넘모스sphagnum moss가 있다. 피트모스는 습지 등에 오랫동안 축적되어 있던 이탄토泥炭土로서 이끼가 부분적으로 부식된 상태의 흙이다. 호주의 섬 타스마니아 등에서 수집해 바로 말린, 부식되지 않은 이끼 스패그넘모스는 가볍고 보수력이 뛰어난데다 무균 상태의 흙이기 때문에 난 재배에 많이 쓰인다. 수태는 용기정원에서 단독으로도 쓰지만, 강산성이기 때문에 씨를 뿌리는 흙으로 쓰려면 다른 흙과 섞어서 써야 한다.

일곱째, 지피 믹스jiffy mix는 분쇄된 스패그넘모스, 피트모스, 고운 버미큘라이트를 동량으로 섞어 만든 것이다. 주로 수입품인 이 흙은 입자 크기에 따라 파종용과 육묘용 등으로 구분된다.

여덟째, 녹소토鹿沼土는 늪지대에서 나는 황갈색 알갱이 모양의 흙이다. 아주 부드러워서 손끝으로 가볍게 눌러도 쉽게 부서지는 이 흙은 배수력이 좋고 다공질인데다 비료 성분도 거의 없어서 삽목상토에 단독으로 쓰거나 모래와 섞어 사용한다.

아홉째, 하이드로볼을 비롯해 다공질의 난 재배용 흙을 난석蘭石이라고 한다. 난 재배에 주로 이용되며, 배수용으로 용기 밑에 깔기도 한다.

How To 식물에 따른 배양토 만들기

1. 창가걸이용 : 창가걸이인 만큼 가볍고 양분이 풍부한 흙을 써야 한다.

시판하는 원예용 흙	4컵
펄라이트	2컵
버미큘라이트	2컵
완숙퇴비(기타 유기질 비료)	1컵
석회(필요한 경우)	1티스푼

2. 다육식물과 선인장

건축용 모래	1컵
시판하는 원예용 흙	1컵
펄라이트	1컵
굵은모래 또는 가는자갈	4컵

3. 발아용 배양토 : 병원균이나 잡초씨 또는 거름기가 없는 가벼운 흙.

피트모스	4컵
펄라이트	2컵
버미큘라이트	2컵

4. 알뿌리 휴면타파용forcing bulbs

모래	3컵
피트모스	3컵
버미큘라이트	2컵
원예용 숯	1컵

Tip 특정 배양토를 필요로 하는 식물

- **산성 배양토**
  안수리움, 철쭉류, 벌레잡이식물
- **난석, 수태, 바크 등**
  난과 식물
- **비료기가 없는 무균 토양**
  파종 및 삽목용 흙

어디에 둘까?

너른 들판에 자유롭게 피어난 야생화 사이를 거닐든, 시골 한적한 밭에서 야채를 키우든, 도시 주택의 손바닥만 한 마당에 작은 정원을 만들든, 식물을 키운다는 것은 어디에서든 가슴 설레는 일이다. 매일 혹은 매시간 다른 표정으로 자라나는 생명의 움직임을 가까이에서 지켜볼 수 있고 식물이 내뿜는 유익한 공기로 상쾌함을 느낄 수 있다는 점은 현대 도시인들에게 무엇보다 큰 기쁨일 것이다.

용기정원은 여기에 한 가지 장점을 더 가지고 있다. 이동이 비교적 쉬운 용기에 식물을 심어 주위와 잘 어우러지게 배치함으로써 주어진 공간의 약점을 보완하고 주위를 아름답게 장식할 수 있다는 점 말이다. 용기정원을 자신의 공간과 어우러지게 배치하는 것은 개인의 능력에 달려 있겠지만 조금만 관심을 가지고 배우면 곧 자신만의 원칙과 기준이 생길 것이다.

공간과 식물을 함께 살리는 장소

용기정원은 식물의 생육 환경을 극히 제한한 원예형태이기 때문에 공간과 밀접한 관계를 가질 수밖에 없다. 공간은 용기정원의 시각적인 효과는 물론이거니와 식물 생육에도 절대적인 영향을 미친다. 따라서 용기정원을 어디에 둘지 결정할 때에는 장식적인 면 못지않게 식물의 생육에 좋은 장소를 선택해야 한다는 점을 기억해야 한다.

햇빛과 바람에 살랑대는 실외 용기정원

요즈음에는 시멘트 바닥으로 뒤덮인 도시에서도 계절에 따라 피고지는 꽃들을 흔히 볼 수 있다. 거리나 교차로, 대형 건물이나 관공서의 현관 등 다양한 곳에서 제철 꽃이 흐드러지게 핀 용기정원을 만날 수 있다.

실내가 아닌 실외 공간에 굳이 용기정원을 만들 필요가 있겠는가 싶지만, 도시의 땅은 대개 시멘트 바닥에 갇혀 있기 때문에 용기정원이 아니고서는 다양한 식물을 키우기가 쉽지 않다. 아파트가 아닌 일반 주택의 마당도 대부분 시멘트 바닥이다 보니, 가정에서도 실외 공간에 용기정원을 만들게 된다.

최근 환경에 대한 관심이 높아지면서 건물의 옥상에 흙을 채워 정원을 만드는 옥상정원도 적극 권장되고 있다. 흙의 무게가 문제되는 일반 가정에서는 흙을 옥상 전체에 까는 대신 화분이나 나무상자 등에 식물을 심어 잘 배치하면 원하는 목적을 훌륭히 달성할 수 있다.

삭막해 보이는 시멘트 마당이나 대리석 층계에 색색의 제철 꽃이나 사시사철 푸른 관엽식물을 심은 화분을 놓아보자. 답답해 보이는 벽과 창가의 방범창 앞에도 공중걸이를 내걸거나 창가걸이를 내놓으면 어느새 집의 표정이 달라진다.

날씨의 영향을 많이 받을 수밖에 없는 야외에 용기정원을 둘 경우에는 계절

시청광장을 가득 메운 튤립 화분들. 녹지공간이 넓지 않은 도시에서는 실외에서도 용기정원의 활용도가 높다. 거리나 교차로, 대형 건물이나 관공서의 마당 등 공공장소에는 주로 계절을 대표하는 꽃식물을 심어 시민들의 활기를 북돋는다.

과 기온의 변화에 민첩하게 대비해야 한다. 긴 겨울이 지나가고 서리가 걷히면 겨우내 실내에 갇혀 있던 화분들을 조심스럽게 밖으로 내놓는다. 또 내한성耐寒性이 강한 봄꽃을 용기에 심어 집 안팎에 봄을 불러들인다. 내한성이 강한 팬지, 데이지, 프리뮬러 등은 비교적 일찍 봄맞이를 할 수 있지만, 실내에서 기르던 식물은 저온에 약하므로 기온이 충분히 올라간 5월 중순 이후에 내놓는 것이 좋다.

실내에 있던 식물을 밖으로 내놓을 때는 갑작스럽게 강한 햇빛에 노출되지 않도록 흐린 날을 택하고, 반나절 정도만 햇빛이 드는 곳에 두는 게 좋다. 갑자기 직사광선을 많이 받으면 잎뎀현상日燒現狀이 나타나기 쉬우니, 해가림 장치를 하든지 집의 동쪽에 두어 아침에 잠깐 해를 본 후에는 직사광선이 닿지 않도록 한다. 하지만 어느 정도 단련이 된 양지식물은 햇빛을 따라 자리를 옮겨도 된다. 정원수 밑에 용기정원을 두는 경우 봄에 처음 옮겼을 때와 달리 정원수의

잎이 차차 무성해지면 자리를 햇빛이 잘 드는 곳으로 옮겨주어야만 빛 부족으로 인한 피해를 막을 수 있다.

실외 용기정원 관리에서 햇빛 못지않게 중요한 것이 바람이다. 강한 바람이 계속 부는 곳에서는 식물이 제대로 자라지 못하므로, 가능하면 미풍이 부는 장소에 두어야 한다. 용기와 용기 사이에도 충분한 간격을 두어 통풍이 잘되도록 해주어야 병해충을 막을 수 있다.

용기는 바닥에 바로 놓아도 되지만 통풍과 병충해 예방을 위해서는 탁자나 선반 등 바닥에서 어느 정도 떨어진 곳에 두는 게 좋다. 바닥에 바로 놓을 경우 개미나 달팽이 등이 식물을 공격할 수도 있는데, 이런 곤충들은 가을에 식물을 실내로 들일 때 따라 들어오기도 한다. 또한 비가 올 때 빗물이 튀어 잎에 흙이 묻으면 병해를 입을 수도 있고, 외관상으로도 좋지 않다.

실외 용기정원 관리에서 한 가지 더 주의할 점은 물주기다. 실외에 있으니 비를 맞아 따로 물을 줄 필요가 없다고 생각하기 쉬우나, 용기 때문에 흡수할 수 있는 양이 한정돼 있으니 흙 상태에 신경을 써서 물을 보충해 주어야 한다.

집 안의 작은 정원, 발코니

실외라고 하기에도 실내라고 하기에도 어색한 발코니는 사실 집 안 어느 곳보다 식물을 기르기에 적합한 곳이다. 1년 내내 빛이 잘 들고 수도와 배수구가 있어서 물을 쓰고 버리기가 쉬우며, 통풍이 잘되면서도 온도 변화 또한 실외만큼 크지는 않아 온실과 같은 환경을 만들기 때문이다. 게다가 생활공간과 분리되어 있으면서도 거실이나 안방과 시각적으로 트여 있어 식물들을 감상하기에도 안성맞춤인 공간이다.

발코니에 용기정원을 배치할 때에는 비례와 리듬, 색의 조화를 생각해야 한다. 큰 화분을 바깥과 벽 쪽으로 배치하고, 안쪽으로 오면서 차차 키를 줄여 실내에서 보기 좋도록 배치한다. 식물의 높낮이가 직선이 되게 배치하기보다는 리듬감 있게 흐르도록 한다.

발코니의 면적과 천장 높이에 비해 화분이 너무 많거나 식물이 너무 크고 잎

발코니는 실외의 시원함과 실내의 안온함을 함께 느낄 수 있는 공간이다. 왼쪽에는 자갈을 깔고 원만큼 큰 화분들을 띄엄띄엄 놓아 시원하게 꾸몄다. 오른쪽은 큰 화분에 여러 식물을 빽빽이 심어 공간의 시원함과 미니정원의 아기자기함을 함께 느낄 수 있다.

이 무성하면 시원하기보다 오히려 답답해 보이기 쉽다. 발코니 전체를 넓은 정원처럼 보이게 하고 싶다면 화분을 많이 들이기보다 오히려 공간을 많이 두고 대나무나 자갈, 돌 등을 이용해 시원함과 여유를 주는 게 좋다. 공간은 좁지만 나무와 꽃 등 여러 가지 식물을 심고 싶을 때에는 커다란 용기에 모아심는 것도 하나의 방법이 될 수 있다.

실내 용기정원 장소는 빛과 온도에 따라

용기정원을 실내 어디에 둘지 결정할 때 가장 중요한 기준은 햇빛과 온도다. 물론 공간의 분위기와 시각적인 효과도 중요하지만, 식물의 건강과 아름다움을 오래 유지하고 즐기려면 장식적인 효과 못지않게 식물이 선호하는 장소를 중요하게 고려해야 할 것이다.

식물은 종류에 따라 빛을 요구하는 정도가 다르기 때문에 식물에 따라 장소를 정해야 하지만, 대부분의 식물은 직사광선만 아니라면 빛이 있는 실내 어느 곳에 두어도 괜찮다. 양지식물은 볕이 잘 들고 특히 오전에 빛이 좋은 곳에서 잘 자라고 꽃도 선명하고 풍성하게 핀다. 비록 빛이 충분하지 않은 실내라 해도 음지식물 등 식물을 잘 선택하면 충분히 용기정원을 즐길 수 있다.

창이 있는 곳은 대개 빛이 들어오지만 위치에 따라 빛의 특성이 다르니 참고하기 바란다.

먼저, 남향 창은 직사광선이 가장 오래 들어오는 곳으로 집 안에서 제일 밝은 공간이다. 또한 온도도 가장 높고 건조한 곳이기도 하다. 이곳에는 직사광선을 좋아하는 양지식물이 적합하다. 다만 직사광선은 식물의 잎을 태우기도 하므로 특히 여름철 햇빛이 강한 한낮에는 비치는 망사커튼을 쳐주는 게 좋다. 빛이 밝은 곳에서 잘 자라지만 직사광선을 싫어하는 식물은 창에서 몇 발짝 떨어진 곳에 두면 된다.

동향 창은 아침 햇살이 직접 와닿고 오후에는 간접광선이 들어오는 곳이다. 뜨겁지 않고 서늘한 직사광선이 잠깐 비치기 때문에 대부분의 실내식물에 적합하다. 남향 창과 같이 강한 햇빛이 오랜 시간 들어오지도 않고, 서향 창처럼 볕이 뜨겁지도 않으므로 난 같은 식물에 맞춤한 장소다.

서향 창은 오후에 특히 여름철 오후에 뜨거운 직사광선이 들기 때문에 고온과 건조에 잘 견디는 식물을 놓아야 한다. 화분을 둘 장소가 마땅치 않아 부득이 서향 창가에 식물을 둘 때는 한여름의 오후 볕을 피해 자리를 옮기거나 망사커튼 등으로 빛을 걸러주는 등 세심한 주의가 필요하다.

북향 창은 간접광선만 드는 곳으로 늘 서늘한 것이 특징이다. 따라서 대부분의 꽃식물에게는 적합하지 않다. 그러나 온도만 낮지 않다면 대부분의 관엽식물은 그런대로 잘 자란다. 겨울철에 창틈을 통해 들어오는 냉기가 식물에게 해

고사리과인 아디안툼은 그늘에서 오히려 잘 자라는 음지식물이다.
빛이 많지 않은 실내 어느 곳에서나 잘 적응한다.

가 될 수 있다는 사실을 유념해야 한다.

화분을 어디에 둘지 결정할 때는 햇빛의 양뿐만 아니라 각도도 생각해야 한다. 대체로 여름에는 해의 고도가 높기 때문에 햇빛이 실내 깊숙이 들어오지 못한다. 따라서 창 가까이 있는 식물은 강한 직사광선에 해를 받는 반면, 구석진 곳은 오히려 햇빛이 부족해 꽃이 피지 않는 등 피해를 볼 수 있다.

겨울에는 햇빛과 함께 온도 유지에도 주의해야 한다. 특히 아침 해뜨기 전에 온도가 가장 낮으므로 발코니나 창가의 식물이 얼지 않도록 조치를 취한다. 여름에는 서늘하고 통풍이 잘되면서도 바람이 너무 많아 식물이 마르지 않는 장소를 택해야 한다. 여름에 너무 덥거나 겨울에 너무 추운 곳은 피해야 하지만, 꽃을 피우기 위해서는 주야간 온도 차이가 적당히 나야 한다.

Tip 창의 방향에 따라 잘 자라는 식물

● 남향

장미, 만데빌라, 제라늄, 국화, 프리뮬러 등 대부분의 꽃식물은 남향 창가에 두는 것이 좋다. 아프리카봉선화, 아프리카제비꽃, 반엽종의 관엽식물은 남향을 좋아하지만 직사광선은 피해야 하니 망사커튼 등으로 빛을 한번 걸러내는 게 좋다.

● 동향

밝은 곳을 좋아하지만 직사광선과 더위를 싫어하는 화초에 가장 좋은 장소다. 심비듐, 덴드로븀, 팔레놉시스, 파피오페딜룸 등의 양난은 동향 창가에서 기르는 것이 가장 이상적이다. 아잘레아, 아프리카봉선화, 싱고늄, 페페로미아, 팬지 등도 동향 창가에서 잘 자란다.

● 서향

여름 오후의 뜨거운 볕을 견딜 수 있는 식물이어야 한다. 파인애플과 식물 및 원산지가 열대 사막인 식물에 적합하다. 선인장, 용설란, 알로에, 돌나물과 식물 등.

● 북향

고사리류, 호스타, 맥문동, 파초일엽, 박쥐란 등의 음지식물이 견딜 수 있지만 너무 오랫동안 북향 창가에 두면 줄기가 가늘고 길어진다. 가끔 자리를 바꿔주는 게 좋다.

Tip 실내 공간에 따라 알맞은 식물

● 현관

집의 첫인상을 결정하는 공간이지만, 대개는 빛이 잘 들지 않고 온도가 낮으며 좁기 때문에, 그늘에서도 잘 자라고 추위에도 강한 식물을 키우는 게 좋다. 호야나 아이비 등의 덩굴성 식물, 시클라멘이나 시네라리아 등 내한성이 강한 꽃식물이 장소를 많이 차지하지 않으면서도 집 안 표정을 활기차게 해준다.

● 거실

빛이 많이 들어오고 공간도 넓은 편이라 대부분의 실내식물이 잘 자란다. 벤자민고무나무, 파키라, 산세비에리아 등 키가 큰 관엽식물을 벽을 따라 배치하거나 제철 꽃식물을 가구 위에 올려놓으면 인테리어에도 큰 도움이 된다.

● 주방

창이 있다면 채소나 허브 등 빛을 좋아하는 식용식물을 키울 수 있지만, 빛이 잘 들지 않는 곳이라면 개운죽이나 페페로미아 등 음지식물을 키워야 한다. 알뿌리식물을 수경재배로 키우면 깔끔하면서도 화사한 분위기를 연출할 수 있다.

● 화장실

빛이 거의 들지 않고 습도가 높은 곳이므로 수분을 좋아하는 음지식물을 키우는 게 좋다. 대개 좁은 공간이므로 식물을 많이 키우는 것은 좋지 않다. 금천죽이나 개운죽 등 수경재배로 키울 수 있는 식물이 안성맞춤이다.

어떻게 관리할까?

하늘과 바다와 대지와 숲 등 우리를 둘러싼 대자연은 사람의 관리를 필요로 하지 않지만, 용기정원은 사람들이 자신의 필요에 따라 인공적인 환경에 들인 것이므로 지속적으로 관리를 해주어야만 생명을 유지할 수 있다. 어린아이나 애완동물처럼 그 생명을 오롯이 인간에게 의존하고 있는 것이다. 생명을 돌본다는 것은 그 자체로 가슴 벅찬 즐거움이지만, 그 기쁨을 오래 누리기 위해서는 지속적인 노력이 필요하다. 용기정원을 관리하는 방법에는 몇 가지 원칙이 있지만, 그것은 어디까지나 참고자료에 불과하다. 시간과 장소와 환경이 각기 다르기 때문에, 변함없는 관심과 애정이 있어야만 식물을 잘 키울 수 있다.

용기정원 성공 포인트, 물주기

실내 용기정원의 성패는 물주기에 달렸다 해도 과언이 아니다. 때맞춰 물을 주는 일도 보통일이 아니지만 식물의 특성에 따라 물을 요구하는 정도가 다르기 때문에 더 까다로워 보인다. 하지만 조금만 신경을 쓰면 금방 익숙해질 것이다. 사실 물을 적게 주어서 식물을 죽이는 경우는 많지 않다. 오히려 반대의 경우, 즉 물을 지나치게 많이 주어서 식물이 병들거나 죽는 경우가 훨씬 많다.

식물체는 증산작용蒸散作用을 하면서 뿌리에서 양분을 끌어올리고, 잎에서 생성된 광합성의 산물을 물의 이동을 통해 필요한 곳으로 옮겨간다. 물이 기공을 통해 공기 중으로 나갈 때는 액체에서 기체로 변하는데, 이것이 바로 증산작용이다. 식물은 자유롭게 이동할 수 있는 동물과 달리 뜨거운 여름에도 그늘로 피할 수 없지만, 증산작용을 할 때 기화열을 빼앗겨 일정한 체온을 유지한다.

이렇게 물은 식물의 생명 유지에 없어서는 안 되는 중요한 요소이기 때문에 끊임없이 공급되어야만 한다. 하지만 물이 너무 많이 공급되면 흙에 공기가 들어찰 자리가 없어져 산소 부족으로 뿌리의 대사가 원활하게 이루어지지 못한다. 또한 병원성 균들은 대부분 혐기성嫌氣性이어서 이처럼 공기가 없는 조건에서 번창하기 때문에 뿌리에 병이 생겨 식물 전체가 피해를 입게 된다.

그렇다면 물을 얼마나 주어야 할까? 이것은 아마 용기정원을 가꾸는 모든 사람의 골칫거리일 것이다. 그만큼 어려운 문제이고, 확실한 정답도 없다. 우리네 인생살이에서 모든 문제가 그러하듯 스스로 터득하는 수밖에 없는 것이다.

물주기의 기준은 화분 속 흙의 습도다. 요즈음에는 흙의 습도를 측정할 수 있는 기기가 많이 나와 있지만, 사실 우리 손가락만큼 정확한 기기도 없다. 화분 가장자리에 손가락을 찔러보면화분 크기에 따라 첫째 또는 둘째 마디까지 식물 뿌리를 상하지 않고도 흙에 물이 어느 정도 남아 있는지 느낄 수 있다. 표면이 말라 있어도 밑에는 아직 수분이 충분한 경우도 있는데, 이런 경험을 몇 번 하게 되면 매번 손가락을 넣지 않고도 눈으로 대충 물이 '고픈지 아닌지'를 알 수 있다.

이러한 연습을 통해 흙의 수분 상태를 측정할 수 있는 눈을 갖게 되었다 해도 문제가 바로 해결되는 것은 아니다. 식물마다 수분 요구도가 다르기 때문이다. 배가 고프다고 해서 모든 사람이 매번 똑같은 양의 밥을 먹는 게 아니듯, 식물에게 물을 줄 때도 내 주관이 아니라 식물의 요구에 따라 주어야 한다.

실내식물은 수분 요구도에 따라 크게 네 종류로 구분할 수 있다.

첫째, 위는 건조하고 아래는 습한 조건을 좋아하는 종류로, 많은 식물이 여기에 속한다. 이 종류는 화분 겉흙이 1~1.5센티미터 말랐을 때 물을 주어야 하는데, 생육이 왕성한 봄에서 가을까지는 물을 더 주고 휴식기인 겨울에는 물을 적게 준다. 장미, 병솔꽃나무, 관상고추, 클레마티스, 군자란, 벤자민고무나무, 환금감낑깡, 아마릴리스, 만데빌라, 오니소갈룸, 파키라, 제라늄, 셰플레라 등.

둘째, 화분 전체가 고르게 습한 상태를 좋아하는 종류다. 이런 식물에 물을 줄 때는 습한 상태와 과습한 상태를 혼동하지 말아야 한다. 화분 겉흙이 마르면 바로 물을 주어야 하지만, 화분받침에 물이 벙벙한 채로 두어서는 안 된다. 이 종류도 여름에는 물을 많이 주고 겨울에는 적게 준다. 민트, 수국, 안수리움, 아디안툼, 알로카시아, 칼라듐, 야자류, 디펜바키아, 에피프레넘, 마란타, 몬스테라, 벌레잡이통풀, 필로덴드론 등.

셋째, 내건성耐乾性 식물이다. 이들은 생육이 왕성한 시기에는 첫 번째 종류와 같은 방법으로 물을 주지만, 겨울에는 거의 마른 상태를 유지해야 한다. 식물의 뿌리가 습한 환경에 민감하기 때문이다. 꽃기린, 라벤더, 다육식물, 선인장류.

넷째, 언제나 습한 상태를 유지해 주어야 하는 습생식물이다. 자생하던 곳과 같은 조건이 되도록 물이 늘 마르지 않게 해준다. 골풀류, 물칼라, 부들 등.

Tip 일반적인 물주기 요령

- 화분 표면의 흙이 희끄무레하게 마르기 시작할 때 물을 준다.
- 물의 양은 화분 밑의 구멍으로 물이 약간 나올 정도가 적당하다.
- 여름에는 물을 자주 주고 겨울에는 간격을 좀더 두고 물을 준다.
- 물은 오전에 준다.
- 겨울에 찬물을 주는 것은 좋지 않다. 실내 온도와 비슷한 수온의 물을 주는 게 좋다.

Tip 장기간 집을 비울 때는 어떻게 물을 공급해 주어야 하나?

휴가나 출장 등으로 장기간 집을 비워야 할 경우 식물들을 어떻게 할지 난감하지만, 간단한 몇 가지 조치를 해두면 최대 2주까지는 견딜 수 있다.

- 건조한 환경에서도 잘 견디는 식물은 물을 충분히 준 후 직사광선이 들지 않는 곳으로 옮겨준다.
- 토분은 더 큰 용기에 수태를 두둑히 깔고 물을 충분히 준 후에 화분을 올려놓는다.
- 욕실에 빛이 잘 들면 욕조 바닥에 물을 채우고 화분을 들여놓는다. 빛이 충분하지 못할 경우 인공조명을 해준다.
- 화분에 물을 충분히 준 후 새지 않는 비닐자루에 넣어 밀봉한다. 이때 나무젓가락 등을 이용해 비닐이 납작해지지 않게 한다.
- 간이 자동물주기 장치를 설치한다. 물이 담긴 병을 화분보다 높게 놓고 굵은 끈이나 헝겊을 병의 물과 화분의 흙에 걸쳐놓으면 물이 화분으로 옮겨가게 된다.

장기간 집을 비워야 할 때 미리 간단한 조치를 취해두면 식물이 말라죽지 않을까 걱정하지 않아도 된다. 물 조건에 그다지 민감하지 않은 식물인 경우 넓고 납작한 용기에 자갈을 깔고 물을 부은 다음 그 위에 화분을 올려놓으면 한동안 물을 주지 않아도 된다. 위는 간이 자동물주기 장치다.

용기정원을 더 풍성하게, 영양 공급과 꽃따주기

물은 식물의 성장에 없어서는 안 될 '밥'이라고 할 수 있다. 그러나 사람이 밥만 먹으면 영양 불균형으로 건강을 해치게 되듯이, 식물 또한 물만으로는 건강하게 자라지 못한다. 식물을 더 건강하게, 더 풍성하게, 더 오랫동안 곁에 두고 감상하기 위해서는 제때 영양을 공급해 주고, 식물의 상태를 살펴 시든 꽃이나 오래된 가지를 제거해 주어야 한다.

식물의 성장에 필요한 영양분 공급하기

용기정원은 식물이 한정된 용기 안의 흙에서 자라야 하기 때문에 식물에 필요한 영양분을 적절하게 공급해 주어야 한다. 식물은 열일곱 가지의 양분을 필요로 하는데, 탄소C · 산소O · 수소H · 질소N · 인산P · 칼륨K · 칼슘Ca · 마그네슘Mg · 황S 등 아홉 가지 원소는 다량 필요하다. 이중 물과 이산화탄소에서 얻어지는 탄소·수소·산소를 제외한 여섯 가지 성분은 모두 흙에서 흡수해야 한다. 철Fe을 비롯한 나머지 여덟 가지 원소도 미량이긴 하지만 반드시 필요한 성분으로, 부족하면 이상증상이 나타난다. 식물이 필요로 하는 무기양분 중 질소, 인산, 칼륨은 특히 많은 양이 요구되기 때문에 반드시 추가로 공급해야 하는데, 이들이 바로 3대 비료 성분이다.

시중에서 판매되는 원예용 흙에는 기본적으로 양분이 포함되어 있지만, 식물을 키우면서 오랜 시간 물을 주다 보면 씻겨 내려가기도 하고 또 식물이 빨아들여 성분이 소진된다. 따라서 어느 정도 시간이 지나면 비료로 양분을 보충해 주어야 한다.

식물에 영양분을 공급할 때는 퇴비, 콩깻묵, 닭똥 등 유기질 비료를 주기도 하지만, 실내에서는 냄새가 나고 벌레 등이 생긴다는 단점이 있다. 시중에서 판매하는 완효성 고체비료를 화분의 흙 위에 올려놓으면 손쉽고 깨끗하게 영양분을 공급할 수 있다.

더 빨리 효과를 보고자 한다면 액비液肥를 주면 되는데, 액비는 일반적으로 농축액이기 때문에 물에 희석해서 잎을 비롯한 식물 전체에 뿌려준다. 이때 설명서에 있는 농도보다 진하게 희석해서는 안 된다. 효과를 더 빨리 보겠다고 농도를 높이면 오히려 식물이 피해를 입게 되므로 차라리 연하게 희석해서 여러 번 자주 주는 것이 좋다.

비료는 식물의 생육이 왕성한 봄과 여름에 준다. 많은 식물이 겨울에는 휴식기에 들어가기 때문에 비료를 흡수하지 않는다. 따라서 가을에 식물이 약해 보인다고 해서 성급하게 비료를 주어서는 안 된다. 식물의 상태를 잘 살펴 휴식기에 접어드는 현상인지, 아니면 영양 부족 현상인지를 판단한 후 응급조치로 연한거의 물과 같은 비료액을 한 번 줄 수는 있다. 휴식기에 접어든 식물들은 비료를 주지 않더라도 이듬해 봄이 되면 다시 건강해지므로 걱정하지 않아도 된다.

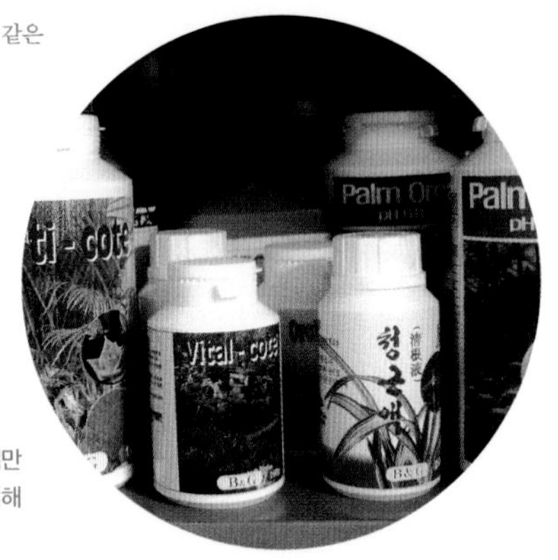

시중에서 판매되는 여러 가지 비료. 실외라면 퇴비, 깻묵, 닭똥 등 유기질 비료가 좋겠지만 실내에서는 냄새나 위생상 사용할 수 없는 경우가 많아 시중에서 판매되는 것을 구입해 쓰게 된다. 이때 사용설명서에 나와 있는 것보다 더 많은 양을 주어서는 안 된다.

● 영양분이 부족하다는 신호

- 꽃이 피지 않거나 작아지고 수도 적어진다.
- 생육이 느리다.
- 잎이 연녹색으로 흐려진다.
- 줄기가 가늘고 약해진다.

● 영양분이 과하다는 신호

- 비료를 주었는데도 잘 자라지 않는다.
- 잎이 진녹색이 되고, 경우에 따라 가운데에 갈색 반점이 나타나고 가장자리는 그을린 듯이 말려들어간다.
- 화분 표면에 염분이 축적된 듯 하얀 소금기 같은 것이 보인다.

초화류 중에는 꽃이 한 번 피었다 지면 그만인 것도 있지만, 시든 꽃을 따주면 계속 새로운 꽃대가 올라와 꽃을 오래 볼 수 있는 것도 있다. 팬지·프리뮬러·아프리카제비꽃·이프리카봉선화 등은 시든 꽃을 바로 따주면 나머지 꽃이 더 충실하게 피고 밑에서 새로운 꽃대가 올라오면서 계속 꽃이 핀다. 아프리카제비꽃이나 시클라멘은 꽃대의 아랫부분까지 완전히 제거해 주는 게 좋다.

실내에서 용기정원을 가꿀 때는 해가 지나면서 적당히 가지치기를 해주어야 식물이 균형 있게 자란다. 오래되거나 약한 부분을 제거함으로써 식물이 더 건강하게 자라도록 도와주는 것이다.

키가 큰 나무는 줄기의 윗부분을 과감하게 잘라 모양을 잡아준다. 덩굴성 식물의 경우 죽은 가지나 너무 늙은 부분을 잘라 새순이 돋도록 한다. 또 식물이 너무 멋없이 길게 자랄 때는 곁가지가 자라 촘촘해지도록 생장점을 따준다. 줄기가 늘어지는 식물은 잎 사이 간격이 촘촘한 것을 남기고 간격이 넓은 것은 잘라 다시 촘촘해지도록 하는데, 이때 빛이 잘 드는 곳에 두면 효과가 좋다.

용기정원 식물의 번식과 분갈이

집 안에 용기정원을 들인 후 적당한 환경을 만들어주고 물과 영양분을 제때 공급해 주면서 키우다 보면 식물이 튼실하게 자라 어느새 용기를 꽉 채우게 된다. 그러면 식물을 번식시켜 주어야 하는데, 그 방법에는 어떤 것들이 있을까?

대부분의 식물이 종자를 통해 번식하지만 식물세포는 동물세포와 달리 한 개의 세포, 조직, 기관이 다시 한 개의 식물개체로 분화하는 전형성능全形成能, totipotency이 있기 때문에 종자 없이도 영양번식을 할 수 있다. 원예식물의 경우 이러한 성질을 이용한 번식이 많이 이루어지고 있다.

꺾꽂이

삽목揷木이라고도 하는 꺾꽂이cutting는 줄기나 가지를 잘라 흙에 꽂아서 번식시키는 방법이다. 식물의 줄기나 가지 또는 뿌리의 일부를 잘라 적당한 흙을 넣어 만든 삽목상揷木箱에 심은 후 흙이 마르지 않도록 물을 계속 공급해 주면 식물의 절단면이나 흙에 묻힌 마디에서 새로운 뿌리가 나 새로운 식물개체로 자라는 것이다.

이때 뿌리가 좀더 잘 내리도록 발근촉진제를 사용하기도 한다. 루톤Rootone이라는 발근촉진제는 식물호르몬인 옥신과 살균제가 혼합된 제제다.

Tip 삽목상에 적합한 흙

배수가 잘되면서도 보수력保水力이 좋아 물을 오래 담고 있는 흙이어야 한다. 또한 잡초 씨나 미생물에 오염되지 않은 무균토양을 써야 새로운 식물이 건강하게 자란다. 흔히 모래를 사용하지만 피트모스, 버미큘라이트, 펄라이트 등을 섞어 쓰기도 한다.

꺾꽂이는 삽목하는 식물체의 부위에 따라 경삽莖揷, 줄기꽂이, 엽삽葉揷, 잎꽂이 및 근삽根揷, 뿌리꽂이으로 나뉜다. 눈을 포함한 줄기의 삽목은 대부분의 식물에 가능한 번식법이지만 엽삽과 근삽은 일부 식물에만 적용할 수 있으므로 정확히 알고 시도해야 한다.

먼저 가장 일반적인 줄기꽂이에 대해 살펴보자. 가지를 7~12센티미터3~4마디 길이로 잘라서 삽목상에 꽂아 뿌리를 내리는 방법인데, 사용하는 줄기의 성질에 따라 녹지삽, 숙지삽, 휴면지삽으로 나뉜다.

잎꽂이는 식물의 잎을 잘라 삽목하는 방법인데, 식물에 따라 사용하는 잎의 성질이 다르다. 아프리카제비꽃·베고니아·페페로미아 등은 잎자루가 달린 잎을 이용하고, 산세비에리아·알로에·칼랑코에·글록시니아·렉스베고니아 등은 잎 또는 잎맥을 사용하며, 고무나무·수국·동백·익소라 등은 잎자루 기부에 곁눈腋芽이 붙은 것을 쓰지 않으면 뿌리는 나더라도 완전한 식물로 성장하지는 못한다.

식물의 뿌리를 삽목하는 뿌리꽂이는 3월 하순에서 4월 중순에 모주母株로부터 두께가 1센티미터 정도 되는 것으로 10센티미터 정도 잘라 비스듬히 흙 속에 심으면 된다. 뿌리꽂이가 가능한 식물로는 라일락, 등나무, 찔레 등이 있다.

꺾꽂이는 기온보다 지온이 약간 높은 때에 하는 것이 좋은데, 20~25도 정도가 꺾꽂이에 적합한 온도다. 일반적으로 식물의 활력이 좋은 봄에 많이 하고, 더운 여름과 추운 겨울은 피하는 게 좋다.

Tip 줄기의 성질에 따른 줄기꽂이 구분

- **녹지삽**
  새순이 자라 굳기 전에 줄기가 파랄 때5~6월 잎이 붙은 채로 삽목한다. 아랫부분의 잎은 모두 떼어내고 위의 잎 2~3개는 반쯤 잘라 증산을 억제한다. 국화, 동백, 치자, 철쭉, 단풍나무, 병꽃나무, 목련, 제라늄, 카네이션 등.
- **숙지삽**
  새순이 완전히 성숙한 줄기를 사용하며, 줄기에 물이 오르기 시작하는 3~4월에 삽목한다. 식물 아래쪽의 가지가 뿌리를 잘 내린다. 개나리, 사철나무, 장미, 호랑가시나무, 은행나무 등.
- **휴면지삽**
  늦가을이나 이른봄에 식물이 아직 휴식 상태일 때의 가지를 이용한다. 능소화, 등나무, 모과, 찔레 등.

포기나누기와 알뿌리나누기

여러해살이 화초나 관목류와 같이 뿌리 부위에서 여러 개의 포기가 나와 있는 것을 한두 포기씩 갈라서 번식시키는 방법을 포기나누기分株라 하고, 알뿌리식물의 줄기 변형체를 비롯한 알뿌리인경·구경·괴경를 나누어 번식시키는 방법을 알뿌리나누기分球라고 한다.

포기나누기를 하는 시기는 식물에 따라 다르지만, 대개 봄에 꽃이 피는 것은 가을에, 가을에 꽃이 피는 것은 봄에 하게 된다. 연중 어느 때나 포기를 나눌 수 있는 식물도 있지만, 나무 종류는 포기나누기를 할 수 있는 시기가 분명한 편이다. 낙엽성은 초봄에, 상록성은 6~7월 사이의 여름에 하면 된다.

글라디올러스, 백합, 수선화, 튤립 등 구근식물은 어미알뿌리母球 주위에 생겨난 새끼알뿌리子球를 하나씩 떼어내 번식시킨다. 구근베고니아, 아네모네, 달리아 등은 반드시 알뿌리에 눈이 1~3개 붙어 있게 잘라야 한다. 특히 달리아는 원줄기 주위에 새로운 알뿌리가 여러 개 붙어 있는데 알뿌리마다 눈이 있지는 않으므로 새로운 구근에 반드시 눈이 포함되도록 모체 줄기의 일부를 붙여서 나누는 게 좋다.

알뿌리식물은 꽃이 지고 잎이 마르면 구근을 파내 흙을 털고 조심스럽게 알뿌리를 하나씩 떼어낸다. 튤립과 수선화 등은 알뿌리를 캔 다음 바로 분구해 심을 수 있으나, 춘파구근은 얼지는 않을 정도로 서늘한 곳에 보관했다가 다음해 봄에 심는다.

분갈이하기

처음 식물을 심을 때에는 너무 크지 않은 용기에 심어야 한다. 큰 용기에 심으면 뿌리가 충분히 뻗어 잘 자랄 것 같지만 실제로는 뿌리의 성장에만 치우쳐 식물이 균형 있게 자라지 못한다. 일반적으로 식물 크기의 1.5배 정도 되는 용기가 적당한데, 어느 정도 시간이 지나면 뿌리가 용기를 꽉 채우게 되므로 분갈이를 해주어야 한다. 용기를 옮겨 심을 때에는 현재보다 한 호 정도 큰 화분에 심는 것이 좋다.

일반적으로 생장이 빠른 식물은 1년에 한 번씩 분갈이를 하고, 크기가 큰 관엽식물이나 생육이 느린 선인장 또는 다육식물은 2~3년마다 분갈이를 해주어야 한다. 분갈이는 대부분 이른봄에 하는 것이 좋지만, 식물에 따라 분갈이 시기가 다른 경우도 있다. 이외에도 식물이 용기보다 지나치게 크거나, 물을 준 후 전보다 빨리 마르거나, 뿌리가 화분 밖으로 삐져나오거나, 식물이 정상적으로 자라지 못할 때는 분갈이를 생각해 봐야 한다.

How To 분갈이 방법

1. 식물에 물을 주고 한 시간 정도 기다린다.
2. 용기를 뒤집고 검지와 장지를 식물 좌우에 찔러넣은 후 용기 옆을 톡톡 쳐서 식물을 뽑아낸다.
3. 묵은 뿌리가 너무 많거나 죽은 뿌리가 있으면 잘라내면서 다듬는다.
4. 기존의 용기보다 1호 정도 큰 화분 밑에 배수용 자갈을 깔고 배양토를 조금 넣는다.
5. 식물을 배양토 위에 올려놓아 높이를 가늠한 후 배양토로 조절한다.
6. 식물을 바로 앉히고 배양토로 용기를 채운다. 흙을 용기 입구까지 다 채우면 물을 줄 때 불편하고, 너무 낮으면 식물이 웃자랄 수 있다특히 어린 식물인 경우. 흙을 채울 때 너무 꾹꾹 누르면 뿌리가 상할 위험이 있다. 손으로 식물의 위치를 바로잡아주면서 물을 충분히 주어 흙과 뿌리를 밀착시키고 중간의 공기를 빼내면 된다.
7. 분갈이 직후에는 물만 주고 비료는 주지 않는다. 또한 직사광선을 피해야 하므로 실외인 경우에는 해가림 장치를 해주는 게 좋다. 비료는 뿌리가 다시 나기 시작하는 2주 후부터 주기 시작한다. 분갈이한 식물이 제자리를 잡고 싱싱해지면 식물의 특성에 따라 빛이 잘 드는 곳이나 반음지 등으로 옮겨 키운다.

용기정원의 병해충 문제와 식물의 건강진단

우리가 아무리 식물의 생육에 적합한 환경을 만들어준다고 해도 실내 용기정원은 어디까지나 인공적인 공간이다. 자연의 치유력이나 천적의 도움을 기대할 수 없기 때문에 병해충의 위험에 한 번 노출되면 회복하기가 쉽지 않다. 하지만 예방에 정성을 기울이고, 병충해 감염 여부를 미리 파악해 조기에 조치를 취하면 큰 어려움 없이 용기정원을 가꿀 수 있다.

해충의 종류와 예방법

해충 피해는 실내식물 재배에서 늘 골치 아픈 문젯거리다. 식물이 실내로 반입될 때 식물에 붙어 있던 해충도 같이 들어오지만 이를 제거할 수 있는 자연의 천적은 배제되기 때문에, 실외에서는 크게 문제가 되지 않던 해충 피해가 실내에서는 심각한 문제로 발전하게 된다.

잎이 누렇게 되면 식물에 해충이 없는지 점검해 봐야 한다. 물론 물이나 비료가 부족해도 잎이 누렇게 되지만, 해충에 의한 변색은 조금 다르다. 물이나 비료 부족이 원인인 경우에는 잎 전체가 자연스럽게 누래지지만, 해충의 피해가 있을 때에는 얼룩얼룩하게 변한다. 경우에 따라서는 잎이 쭈그러지거나 작아지는 등 기형이 보이기도 하고, 수분과 양분이 공급되는 맥이 곤충의 피해를 받으면 잎이 떨어지기도 한다.

실내식물에 많이 나타나는 해충은 진딧물·좀가루이white fly·응애류·깍지벌레 등인데, 한 번 번지기 시작하면 제거하기가 쉽지 않다. 따라서 식물을 늘 세심하게 관찰해 해충 발생 초기에 제압하는 게 상책이다.

달팽이처럼 큰 해충은 핀셋 등을 이용해 바로 제거하고, 진딧물은 손으로 집어내거나 식물을 욕실이나 집 밖으로 옮겨 샤워기나 호스로 씻어내면 된다. 또

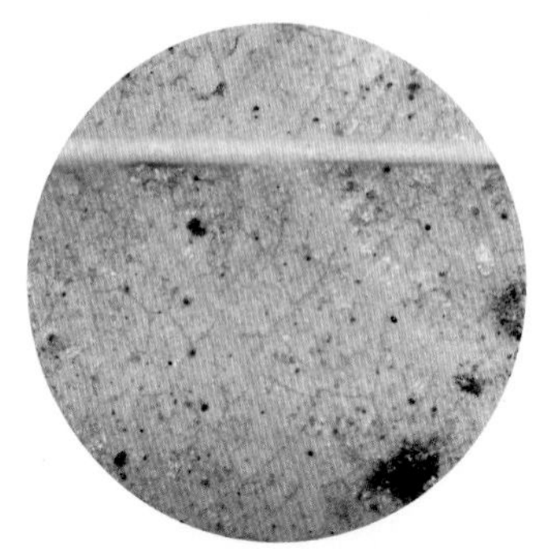
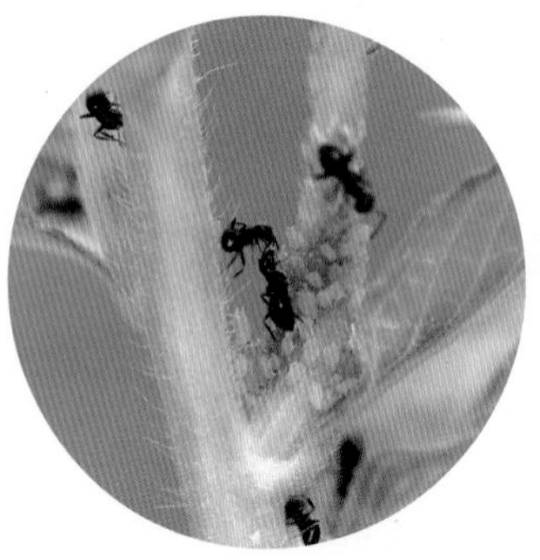

농사를 지을 때 벌레 때문에 애를 끓이면 연륜 있는 농부들이 한말씀 거드신다. "벌레가 살지 못하는 곳에서는 식물도 자라지 못해요." 하지만 제한된 실내 공간에서 식물을 벌레와 함께 키울 수는 없으니 적당한 퇴치법을 찾아야 한다. 왼쪽부터 응애, 진딧물과 공생관계로 그 배설물을 먹는 개미, 온실가루이.

물비누약을 이용할 수도 있다. 응애류는 알코올솜 또는 알코올이나 물비누약을 묻힌 키친타월로 닦아낸다. 물비누약을 살포하는 것도 효과가 있다.

해충을 제압하는 가장 손쉽고 빠른 방법은 농약을 살포하는 것이지만, 밀폐된 실내에서는 '빈대 잡으려다 초가삼간 태우는' 꼴이 될 수 있으므로 조심해야 한다. 대신 늘 신경을 써서 조기에 발견해 물비누약 등으로 조치를 취하면 해충 피해를 막을 수 있다.

실내식물의 골칫거리인 깍지벌레와 솜벌레 등은 약으로도 잘 제거가 되지 않기 때문에, 예방에 최선을 다해야 한다. 주기적으로 부드러운 천이나 솜으로 잎을 씻어내면 어느 정도 예방할 수 있다. 깍지벌레가 잘 떨어지지 않을 때는 물비누약을 묻힌 칫솔로 긁어낸다.

깍지벌레 등이 많지 않을 때는 떼거나 씻어내서 없앨 수 있지만, 보통은 즙액이 많은 어린 잎이나 생장점 부위에 몰려 있어 제거하기가 매우 어렵기 때문에, 심하게 오염된 식물은 다른 식물들을 위해 과감하게 포기하는 게 현명하다.

How To 물비누약 만들기

외국에서는 원예용 물비누를 쉽게 구할 수 있지만 우리나라에서는 아직 별도의 물비누약 구하기가 쉽지 않으므로 과일과 야채 세척용 세제를 이용해 직접 만들어 사용하자.

세제 한 숟가락15밀리리터을 3.5~4리터의 따뜻한 물에 넣어 잘 섞는다. 분무기에 담아 바로 식물에 뿌리거나, 큰 그릇에 담아 해충이 발생한 식물의 잎을 바로 담근다. 물비누약을 뿌리고 두 시간 정도 있다가 미지근한 물로 씻어낸다.

Tip 해충의 종류와 그에 따른 증상과 처방

해 충	특징과 증상	처 방
진딧물	새싹이나 꽃봉오리같이 연한 조직에서 쉽게 볼 수 있는데, 무성번식이 가능하여 떼로 몰려 있는 경우가 많다. 즙액을 빨아먹어 잎을 마르고 쭈글쭈글하게 하며, 심하면 생장점을 고사시키기도 한다.	분무기로 물이나 물비누약을 뿌리거나 잎을 잠시 동안 물비누약에 담갔다 꺼낸다. 진딧물은 고온·건조한 조건을 좋아하므로 용기를 그렇지 않은 곳으로 옮긴다.
솜벌레	잎이나 가지의 아랫부분에 작은 솜덩이 같은 것이 생긴다. 끈끈한 꿀물을 분비해 개미를 유인한다.	솜에 알코올을 묻혀 닦아낸다. 해충이 붙은 곳에 물비누약을 살포하거나 비누약에 넣고 흔들어 씻어낸다.
깍지벌레	2~3밀리미터의 둥그스름한 모양이며 갈색을 띤 것이 대부분인데, 때로는 작은 솜덩어리 모양인 것도 있다. 식물의 잎이나 줄기에 붙어 즙액을 빨아먹는다. 증식이 왕성해 어린 잎을 금방 점령하고, 난의 경우에는 새 잎이 나는 가운데에 특히 많이 몰려 있다.	초기에는 손으로 떼어내 제거할 수 있지만, 증식하기 시작하면 걷잡을 수 없게 된다. 이때는 식물을 버리거나 살충제를 쓰는 수밖에 없다.
응애류	잎이 시드는 것 같고 색이 변한다. 뒷면을 보면 가는 거미줄이 있고 그 안에 아주 작은 거미가 보인다.	물비누약을 뿌리는 한편 공중 습도를 높여주고 실내 온도를 낮게 유지한다.
온실가루이	주로 잎의 뒷면에 붙어서 즙액을 빨아먹는 백색의 나방이다. 뿐만 아니라 이들이 분비하는 배설물은 그을음병을 유발하기도 한다. 번식력이 매우 강해 완전히 없애기가 쉽지 않다.	3일에 한 번씩 물비누약을 뿌려준다. 원예자재상에서 벌레잡이 끈끈이액이 묻은 노란 카드를 구입해 잎 가까이 놓아둔다.

바이러스병은 접촉에 의해 전염된다. 감염된 식물에 사용한 도구나 손에 의해 다른 식물로 옮겨지기도 하고 진딧물에 의해 전파되기도 하므로, 도구나 손을 알코올솜으로 닦고 진딧물을 제거해 병의 전염을 예방해야 한다.

바이러스병은 치명적이지는 않지만 식물체가 잎이나 생장점이 뒤틀리는 등 기형이 되기도 하고, 잎에 모자이크 모양의 얼룩무늬·줄무늬·둥근 반점 등이 나타나 식물의 미관을 떨어뜨린다. 난을 재배할 때 특히 문제가 되고, 아마릴리스와 나리 등 다년생 구근류에서도 문제를 일으킨다. 현재로서는 한 번 감염되면 확실한 퇴치법이 없기 때문에 조기에 발견해 조치를 취해야 한다. 아깝더라도 더 이상의 전염을 막기 위해 감염된 식물을 태워버리는 것이 현명하다.

세균병은 주로 습할 때 발생한다. 세균이 도관導管을 통해 이동하기 때문에 식물체가 갑자기 무르고 주저앉는 것이 특징이다. 한 번 발병하면 회복하기가 어렵고 물을 따라 이웃식물로 바로 옮을 수 있으므로 발견 즉시 분리·제거해야 한다.

곰팡이류에 의한 병에는 흰가루병, 그을음병, 탄저병 등이 있는데 주로 포자로 번식하며 온도가 높고 습할 때 많이 발생한다.

흰가루병은 잎 표면에 밀가루를 뿌린 것같이 흰곰팡이가 자라는데, 심하면 잎이 누렇게 변하면서 떨어진다. 식물에 치명적인 병은 아니지만 밀가루를 뿌린 듯 희끗희끗한 잎은 미관상 가치가 떨어지고 광합성 양이 줄어들어 생육이 나빠진다. 이 병은 고온·다습한 조건뿐 아니라 저온에서도 자주 발생하는데, 가장 큰 원인은 환기 불량이다. 따라서 환기를 자주 해주고 병든 잎을 바로 따 더 이상 퍼지는 것을 막아주어야 한다. 화훼 전문 도서나 사이트에서는 훼나리 1,000배액이나 다이센 500배액을 살포하라고 조언하기도 하지만 실내에서는 농약을 쓰지 않는 것이 좋다.

잎에 그을음 같은 가루가 나타나는 그을음병은 주로 관엽식물에 많이 발생한다. 식물에 해충이 발생하면 이들이 분비하는 분비물에 곰팡이가 서식해 생기는 병이므로 해충이 발생하지 않도록 신경을 써야 한다.

잎에 지름 0.5~1센티미터 크기의 검은색 또는 갈색 반점이 보이면 탄저병을 의심해 봐야 한다. 탄저병은 일반적으로 고온·다습하고 통풍이 잘 안 되는 조건에서 발생하는데, 주로 장마철에 자주 찾아오는 불청객이다. 장마철에도 통풍이 잘되도록 창문을 활짝 열어 맞바람이 치도록 하고, 화분 사이는 최대한 멀리 떨어뜨려 병을 예방하자.

병해충의 피해를 막으려면?

실내식물을 키우면서 병해충 피해를 보지 않기 위해서는 일차적으로 병해충에 강한 품종이나 식물을 선택하고, 병이 발생하는 환경 요인을 파악해 빛·온도·습도 등을 적절하게 조절해 병해충을 미리 예방해야 한다.

씨앗이나 알뿌리는 확실하게 소독된 것을 구입하고, 흙은 병해충의 원인이 되는 미생물이나 해충의 알이 섞이지 않은 것을 선택한다. 가장 중요하면서도 가장 손쉬운 병해충 방지법은 물주기나 통풍 등으로 공중 습도를 조절함으로써 곰팡이나 해충의 발생을 미리 막는 것이다.

병해충의 피해가 심각할 때는 살균제나 살충제를 이용할 수도 있다. 세균과 곰팡이병을 예방하고 방제하는 살균제와 해충을 방제하는 살충제가 여러 가지 형태의 다양한 상품으로 판매되고 있다. 상품에 명기되어 있는 사용법에 따라 쓰되, 양과 횟수는 최소한으로 해야 한다. 하지만 실내식물에는 가급적 쓰지 않는 게 좋다.

관리 미숙으로 인한 피해

병이나 해충의 피해가 없더라도 관리를 제대로 해주지 못하면 식물이 잘 자라지 못해 병해충에 약해진다. 실내는 외부와 달리 재배 조건이 제한적이기 때문에 그 조건에 맞는 식물을 선택하고 적당한 온도와 습도를 유지하면서 물과 영양분을 잘 공급해 주어야 병과 해충에도 끄떡없는 건강한 식물로 자란다. 늘 식물의 건강 상태를 눈여겨 살펴보면서 예방과 문제해결 방법을 강구해야 한다.

● 잎 색깔이 엷어지고 마디가 웃자란다

빛이 부족할 때 나타나는 증상이다. 빛이 충분하지 못하거나 화분 간격이 너무 좁아 햇빛을 충분히 받지 못할 때, 또는 통풍이 잘되지 않는 환경에서 나타난다.

● 잎과 마디 사이가 자라지 않는다

비료가 부족하거나 과할 때, 물이 부족한 경우에 나타나는 증상이다. 비료가 부족한 경우에는 액비를 엷게 주고, 과한 경우에는 비료를 더 이상 주지 말고 물을 충분히 주어 씻어낸다.

● 아랫잎이 누렇게 변한다

물이나 비료가 부족할 때, 화분 또는 식물 간격이 너무 촘촘한 경우, 또는 뿌리가 용기에 꽉 찼을 때 나타나는 증상이다.

● 식물 전체가 시든다

물을 제대로 주는데도 식물 전체가 시든다면 물 또는 비료가 과하지 않은지 점검해 봐야 한다. 물이나 비료 공급이 지나쳐 뿌리가 썩으면 병이나 해충의 공격을 받게 된다. 경우에 따라서는 온도가 낮아 뿌리가 얼었을 수도 있다.

● 꽃봉오리가 거의 맺히지 않는다

비료나 물이 부족하거나 과할 때 또는 빛이 부족하거나 진딧물이 있는 경우 해충의 피해를 받아 꽃봉오리가 맺히지 않는다.

● 잎이 누렇게 변한다

잎 전체가 누렇게 변하는 증상은 비료 부족으로 인한 경우가 많다. 또 실내에 있던 식물을 실외로 옮기면 초여름에서 가을로 넘어갈 때 햇볕을 과다하게 받아 잎이 전체적으로 누래진다. 관엽식물을 저온에 오래 둔 경우에도 잎이 누렇게 변할 수 있다.

● 잎 가장자리가 검게 변한다

바람이 너무 강하거나 기온이 너무 낮아 얼었을 때 나타나는 증상인데, 심하면 잎 전체가 얼어서 검어진다. 겨울에 낮 온도가 영하인데도 실내 환기를 위해 창문을 열어두면 수시간 내에 이런 피해를 볼 수 있다. 잎이 얼었을 때는 햇볕이나 더운 곳으로 바로 옮기지 말고 신문지로 말아서 언 잎을 서서히 녹여주어야 한다.

● 잎 끝 주변이 갈색으로 변한다

약해藥害나 건조 등에 의해 나타나며, 반음지 또는 음지 식물을 과다하게 햇빛에 노출했거나 바람이 강한 곳에 두었을 때 나타난다. 특히 겨울에 실내가 너무 건조하면 가습기를 틀어 이런 증상을 예방한다.

● 잎에 반점이 생긴다

잎에 반점이 생기는 병이 많은데 주로 곰팡이류가 원인이다. 병해病害 외에도 겨울에 아프리카제비꽃이나 글록시니아 같은 식물에 너무 찬 물을 주었을 경우, 여름에 햇볕에 탄 경우, 약해를 받았을 때 이런 증상이 나타난다.

식물 찾아보기

* 녹색 숫자는 식물별 특징과 재배법을 설명한 페이지이다.

ㄱ

개운죽 213
거베라 37
게발선인장 37, 127
고무나무 37, 61, 157, 166, 223
고수 85~86
고추(관상고추) 34~35, 157, 217
골풀 96
공작초 37
관음죽 72
구근베고니아(엘라티올 베고니아) 35, 37~38, 132, 225
구즈마니아 71
국화 36, 212, 224
군자란 127, 169, 217
극락조화 166, 169
글라디올러스 225
글록시니아 23, 166, 223
금천죽 97, 101, 213
꽃기린 35, 54, 217
꽃베고니아 111, 125, 127, 157
꽃양배추 35, 37
꽃치자 169
끈끈이주걱 142~143, 197

ㄴ

네펜데스 143
노랑어리연꽃 96
노랑창포 96
능소화 224

ㄷ

달리아 157, 225
대나무 166
대나무야자 60
데이지 31, 33, 50, 125, 205
덴드로븀 212
델피니움 159~160
동백 223~224
드라세나 60~61, 110~111, 114
드라세나 수르쿨로사 121, 192
등나무 224
디펜바키아 114, 217
딜 86

ㄹ

라벤더 85~86, 88, 127, 172, 217
라일락 224
러브체인 127
레몬밤 86
레몬버베나 86
렉스베고니아 76, 166, 179, 223
로즈메리 84~86, 91, 127, 172
루피너스 159

ㅁ

마스데발리아 115, 158
만데빌라 35, 51, 212, 217
매리골드 35, 37, 125, 157, 194
맥문동 157, 212
멜로 172
모과 224
목련 224
몬스테라 61, 74, 170, 217
무궁화 35, 157
무순 81
무스카리 40, 97
물상추 96, 98
물양귀비 96, 100
물칸나 96~97, 107
물칼라 96, 106, 217
물파초 96
미나리 83
미니연 96, 105
미니 카틀레야 115
민트 85~86, 90, 127, 217

ㅂ

바질 85~86
박쥐란 158, 212
방울토마토 83

배추 82~83
백금랑 111
백로사초 96
백일홍 35, 169
백정화 111
백합 225
벌레잡이제비꽃 142
벗풀 96
벤자민고무나무 37, 70, 145, 161, 176, 213, 217
병솔꽃나무 52, 217
보리지 84
보스턴야자 167
부겐빌레아 136, 163
부레옥잠 96~97, 103
부처꽃 96
붓꽃 96
브로왈리아 167

ㅅ
사프란 33, 40
사피니아 22, 125
산세비에리아 58, 60~61, 65, 145, 161, 166, 213, 223
산호수 55
삼백초 96
상추 82~83
샐비어 35, 37, 157
선인장 35, 110, 116, 157, 212
세덤 157
세이지 86, 89, 127
셀라기넬라 111, 171
셰플레라 61, 68, 145, 161, 217
소철고사리 147, 157
수국 49, 168, 217, 223
수련 96~97, 104
수선화 32~33, 40, 97, 225
숫잔대 96
스킨답서스 97, 127, 161, 167
스파티필룸 59, 62~63, 127, 144, 167, 169
시계초 137
시네라리아 213
시클라멘 37~38, 41, 167, 213, 221
심비듐 26, 29, 157, 212
싱고늄 97, 157, 166, 212

ㅇ
아게라툼 194
아나나스 61
아네모네 33, 43, 225
아데늄 157
아디안툼 61, 97, 66, 111, 127, 158, 170, 211, 217
아라우카리아 146
아마릴리스 97, 217, 230
아스파라거스 111, 127, 157, 170
아스플레늄 166
아이리스 40
아이비 61, 98, 157, 167, 213
아잘레아 212
아펠란드라 157, 169
아프리카봉선화 22, 111, 125~126, 134, 156~157, 212, 221
아프리카제비꽃 22~23, 37, 46, 114, 156~157, 166, 168~169, 212, 221, 223
안수리움(잎) 64, 171
안수리움(꽃) 61, 97, 111, 113, 127, 157, 163, 169, 217
알로에 35, 61, 212, 223
알로카시아 37, 75, 157, 217
알리섬 157
애기연꽃 97
어리연꽃 96
에크메아 61, 157
에키네시아 172
에피덴드룸 47
에피프레넘 60, 127, 217
연꽃 96
오니소갈룸 48, 217
오레가노 85~86
온시듐 26, 30
용담 169
용머리 169
용설란 110, 148, 212
유카 149, 166
은방울꽃 40, 157
이레카야자 164~165
익소라 223
일일초 45, 125

ㅈ
자금우 111
장미(미니장미) 24~25, 44, 157, 212, 217, 224
재스민 127, 169
접란 37, 60, 73, 127, 145, 161
접시꽃 157
제라늄 22, 34~35, 84, 124~127, 157, 168, 194, 212, 217, 224
제브리나 127, 138, 161, 192
줄사철 111
진달래 157
찔레 224

ㅊ
차이브 86, 172
창포 96
채송화 12, 157
철쭉 157, 197, 224
초롱꽃 168
측백나무 197
치자 224

ㅋ
카네이션 224
칼라 53, 127
칼라듐 60~61, 67, 114, 157, 193, 217
칼라테아 61, 97
칼랑코에 35, 37, 42, 157, 161, 169, 223
캄파눌라 127
캐모마일 86, 93
켄티아야자 61, 164~165
콜레우스 35, 37, 60, 127, 157, 167, 189
콜룸네아 127
쿠프레수스(골드크리스트, 율마) 69
크라술라 35
크로커스 31, 169
크로톤 61, 127, 157, 169
클레로덴드럼 139, 157, 169
클레마티스 135, 169, 217

ㅌ
타임 85, 86, 92, 127
테리스 60, 77
테이블야자 110~111, 118, 157, 161, 166~167
통발 96
튤립 33, 40, 97, 179, 225
틸란드시아 61, 166

ㅍ
파리지옥 142~143
파인애플세이지 172
파초일엽 212
파키라 61, 144, 170, 213, 217
파피루스 97~98, 102
파피오페딜룸 26, 28, 212
팔레놉시스 26, 27, 212
팔손이 114, 170
팬지 22, 31, 33, 125, 127 130, 176~177, 205, 212, 221
페라고늄 131
페페로미아 61, 110~111, 114, 158, 212~213, 223
펜넬 86
포인세티아 35, 37, 163, 169
프리뮬러 22, 31, 33, 166, 168, 176, 205, 212, 221
피라칸타 157
피토니아 110, 114, 158
피튜니아 31, 34~35, 124, 126~127, 133, 194
필로덴드론 60, 127, 157, 161, 217
필로덴드론 셀로움 74
필리아 114
필리오니아 114

ㅎ
한련화 34~35, 85, 125, 127, 157
향제라늄 86
헤데라 60
헬리오트로프 35, 157, 172
호랑가시나무 224
호스타 157, 212
호야 119, 213
황새풀 96
후크시아 127
히아신스 39~40, 97, 166
히포에스테스 120, 167, 170